Osprey Military New Vanguard
オスプレイ・ミリタリー・シリーズ

世界の戦車イラストレイテッド
14

38式軽駆逐戦車 ヘッツァー 1944-1945

[共著]
ヒラリー・ドイル×トム・イェンツ
[カラー・イラスト]
マイク・バドロック
[訳者]
齋木伸生

JAGDPANZER 38 'HETZER' 1944-45

Text by
Hilary Doyle and Tom Jentz
Colour Plates by
Mike Badroche

大日本絵画

目次 contents

3	はじめに ● introduction	
4	設計と開発 design and development	
5	生産の経過 production history	
9	運用の経過 operational history	
16	運用上の特徴 operational characteristics	
20	戦闘中の乗員 crew in action	
23	戦闘行動 combat service	
39	派生型 variants	
25	カラー・イラスト	
42	カラー・イラスト解説	

◎著者紹介

ヒラリー・ドイル Hilary Louis Doyle
1943年生まれ。AFVに関する数多くの著作を発表。そのなかにはトム・イェンツと共著の『ジャーマン・タンクス』も含まれる。妻と3人の子供とともにダブリンに在住。

トム・イェンツ Tom Jentz
1946年生まれ。世界的に支持されているAFV研究家のひとりであり、ヒラリー・ドイルとコンビを組んだ "Encyclopedia of German Tanks" (日本語版『ジャーマン・タンクス』は小社より刊行)の著者として、とくに知られている。妻とふたりの子供とともに、メリーランドに在住。

マイク・バドロック Mike Badrocke
軍事宇宙科学、科学機器およびハイテク機器に関する英国を代表するイラスト画家のひとり。彼の描く詳細な解剖図、きわめて複雑な細部まで描かれた内部構造図は、世界中の数多くの書籍、雑誌そして産業用出版物などで見ることができる。

38式軽駆逐戦車「ヘッツァー」1944-1945
Jagdpanzer 'Hetzer' 1944-1945

introduction
はじめに

　38式［軽］駆逐戦車は、第二次世界大戦中のドイツ装甲車両のなかでも、もっとも有名な車体のひとつである。本車は良好に傾斜した装甲板で構成されたスマートな外観によって、すべての人に好まれている。戦後の装甲車両に関する多くの専門家の見解では、数的に勝るアメリカ軍のM4中戦車（イギリス軍ではシャーマンとして知られている）とロシア軍のT-34戦車に対処するための、ドイツ軍の回答がこの戦車駆逐車であった。

　38式駆逐戦車の戦闘能力を評価するためには、その良好に傾斜した前面装甲板と、威力の大きな長射程砲以外の要素をも考慮する必要がある。著者らは30年以上にもわたって、設計や製造企業、陸軍兵器局、機甲兵総監部（グデーリアン将軍）(訳註1)、部隊の作戦報告書などのオリジナルの記録を渉猟してきた。本書はそれらオリジナルの文書に表された内容のみをベースにして書かれている。

　こうしたリサーチは、現在西側に残されている、38式駆逐戦車の実車の上によじ登り、下に潜り、周りをくまなく見回すなどの実況検分によって補強されている。出版された資料には誤った解釈が多く、戦争中や戦争直後に連合軍の情報機関が作成した報告書には不正確なものが多いので、本書を編む上では使用していない。戦術的成功、失敗、そのほか前線部隊が直面した問題について記述するためには、わずかに残存する作戦報告書が活用されている。実際に38式駆逐戦車と戦った人物によって戦争中に書かれた報告書などは、かけがえのない信頼できる情報源であり、あとで述べられたいかなる意見よりも優れたものである。

　実際のところ本車は、車体前部に砲を搭載した旧来型の突撃砲として設計されている。このため砲兵総監は、この突撃砲は彼らの監督下で運用されるべきであり、本車を新型突撃砲または38(t)突撃砲と呼称した。しかし機甲兵総監部のグデーリアン将軍は、突撃砲を監督下に置いておらず、本車を戦車駆逐車として運用することを望んだ(訳註2)。このため彼の総監部では、本車を「38(t)車

訳註1：機甲部隊の編成、教育業務をつかさどる部署として、ヒットラー直属のもと、1943年2月28日に発足し、ハインツ・グデーリアン上級大将が初代総監となった。

訳註2：ドイツ軍では突撃砲は砲兵機材として砲兵科が運用した。これに対して戦車は機甲科が運用していた。突撃砲はもともとは移動歩兵砲としてデザインされており、このような分離に一定の合理性もないわけではなかったが、ここでの議論は軍事的合理性よりは、お役所の縄張り争い的議論であった。

38(t)突撃砲第1号車、シャシー番号321001の前面および側面図。1/76スケール。本車は指揮戦車の仕様となっており、長距離無線機用の追加のアンテナベースが、車体左側面に装備されている。
(Hilary Louis Doyle)

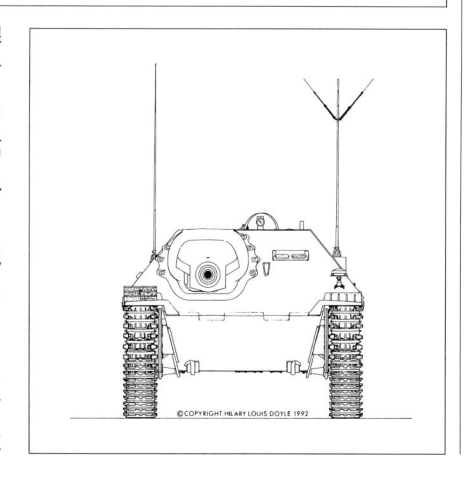

ルーマニアの町中を移動する38式駆逐戦車。戦術番号は132である。この38式駆逐戦車は、1944年6〜7月にプラハのBMM社で生産されたもの。（BA）

体搭載軽戦車駆逐車」と呼んだ。

　この争いには最終的にグデーリアンが勝利し、38式駆逐戦車の制式名称は、(48口径)7.5cmPak39用38式戦車駆逐車(Sd.Kfz.138/2)となった。この名称は1944年9月11日に、38式駆逐戦車〜38式戦車駆逐車(48口径7.5cmPak39)に変更された。

　示唆的なヘッツァー(勢子)という名称は、E-10計画（先進的な低シルエットの設計で強力な400馬力のエンジンを搭載し、70km/hまでの最大速度を発揮できる車体）(訳注3)用に指定されたもので、低速低馬力で間に合わせの38式駆逐戦車のためのものではなかった。ヘッツァーという名称が、どのようにして38式駆逐戦車と結び付けられるようになったのか、はっきりした事情はわからない。兵器局第6課とBMM(Boemisch-Märische Maschinenfabrik)社(訳注4)の概念設計協議で言及されたが、どうやらチェコ側はヘッツァーが競争相手の設計車体で、彼ら自身の計画の名称ではないことを知らなかったようだ。

　1944年7月31日に国防軍(ヴェアマハト)第743戦車駆逐大隊がワルシャワ近郊に近づいたとき、彼らは最初は28両のヘッツァーを保有しており、さらに8月3日に第3中隊が14両のヘッツァーを受領する見込みであると報告した。しかし8月3日付の戦力報告書では、彼らは本車を正確に38式戦車駆逐車と述べている。1944年12月4日のヒットラー宛の説明書で、グデーリアン将軍はヘッツァーという名前は、38式駆逐戦車のニックネームとして部隊側から出たものとあいまいに説明している。

design and development

設計と開発

　当初、38(t)戦車車体を使用して、突撃砲の設計および生産を企図する人物などだれもいなかった。しかし1943年11月26日にベルリンのアルケット(Alkett)社工場が1424tもの爆弾および焼夷弾の投下を受けて、突撃砲の生産が深刻な打撃を被ると、新しい生産能力が早急に必要となった。その結果ドイツ陸軍最高司令部(OKH)は、BMM社での突撃

訳注3：Eシリーズは1943年4月より開始された、ドイツ国防軍の使用する装甲車両の標準規格化計画であった。E-10は10tクラスの軽装甲車両で、装甲兵員輸送車、軽駆逐戦車、武器運搬車として使用される予定だった。

訳注4：旧チェコスロヴァキアのČKD社がドイツによるチェコ併合後改名したもので、38(t)戦車およびヘッツァーの生産会社。

訳注5：兵器局の要求で開発された偵察用軽戦車で、38(t)戦車の改良発展型であった。1942年に試験が行われたが量産はされなかった。

訳注6：Ⅳ号駆逐戦車は当初は7.5cmPak39を装備して生産されたが、のちに長砲身のPak42 L/70を装備した改良型の生産に切り替えられている。

訳注7：駐退復座装置を廃止し、車体に直接砲を取り付けるシュタール砲架を装備するタイプで、少数の試作のみに終わった。

の生産の可能性を検討した。

　1943年12月6日のヒットラー宛の報告書では、BMM社には24tの突撃砲を持ち上げる能力および組み立てるスペースは無いということだった。このためヒットラーは、BMM社の生産能力を「軽突撃砲」を組み立てるために活用するという提案に同意した。提案されたのは13tの車体で55〜60km/hという高速を利用して、良好に傾斜していたが薄い (80mmでなく60mmとされていた) 前面装甲板を補うというものであった。側面装甲板は、榴弾破片に抗堪するのに十分な厚さでしかなかった。

　1943年12月17日、13t突撃砲の設計図面が提出されたが、この車体には38(t)戦車原型と新型38(t)戦車 (訳注5) 用に設計されたパーツを使用して組み立てられるようになっていた。ヒットラーはこれこそがBMM社工場の最良の使用法であると強調してこの計画に同意した。

　設計作業は異例のハイペースで進展した。木製模型は1944年1月24日に完成し、2日後に陸軍兵器局に提示された。この模型の段階で、すでに38式駆逐戦車の低いシルエットの最終的な形状は完成されていた。主武装にはⅣ号駆逐戦車と同じ (訳注6) 7.5cmPak39が選定された。トーマレ大佐は即座に3両の38(t)駆逐戦車を、1944年3月中に完成させるように命じた。

　38式駆逐戦車は、設計はわずか4カ月以内という記録的な速度で、量産へとなだれ込むことになった。先行生産型による試験のために、数両のプロトタイプを完成させるような余裕はなかった。しかしプロトタイプの必要はなかった。というのも走行関係の機構は38(t)戦車シリーズの生産過程で試験が行われ、性能が実証済のものだったからである。

production history

生産の経過

　1944年1月28日、ヒットラーは「38(t)軽突撃砲」の迅速な生産の開始と増大こそが、1944年における陸軍のもっとも緊要な課題であると強調した。まだ概念設計図面のインクすら乾かないうちに1944年1月18日、「38式軽戦車駆逐戦車」1000両の生産決定が下された。1945年3月までには月産1000両という最終的な生産目標に達するよう、月産レートの急速な増大が要求され、以下のような非常に精力的な生産スケジュールが策定された。

工場	4月	5月	6月	7月	8月	9月	10月	11月	12月	1月	2月	3月
BMM	20	50	100	200	250	300	350	400	400	400	450	500
シュコダ	0	0	0	10	50	100	150	200	300	400	450	500

　これはかなり過大な目標であった。というのも当時月産300両以上の重装甲車両を生産している工場は存在しなかったからである。BMM社は最大で月産151両を達成したことがあるだけで、シュコダ (Škoda) 社はドイツ軍向けにはいくつかのプロトタイプを除いて、全装軌式装甲車両を1両も生産したことがなかったのだ。

　BMM社に対する生産発注は、シャシー番号321001〜323000の2000両に増大された。このシャシー番号には、38式戦車回収車と38式駆逐戦車シュタール型 (訳注7) も含まれていた。シュコダ社も2000両を受注し、その番号は323001〜325000となっていた。最初の2000両の生産を終わったのちは、BMM社は325001からまた同様に始めることになった。

要求に応じて最初の3両の「38式軽戦車駆逐車」は、スケジュール通り1944年3月にBMM社で完成し、4月に陸軍兵器局の検査官によって受領された。続いて4月20日にはヒットラーの面前でデモンストレーションが行われた。デモンストレーションのあと、これらの車体はそのまま直接工場に戻された。というのはまだ運用可能な状態に仕上がっていなかったのだ。いくつかの装甲部材は、まだ取り付けられていなかった。
　BMM社は5月の50両、6月の100両の生産目標を達成し続けたが、7月には達成できなかった。BMM社は砲マウントの納入が遅れたためと非難している。工場側はこれらの駆逐戦車が完成したと主張し、兵器局の検査官も受領したのではあるが、それらにはまだ多数

第2号木製モックアップでは、全幅までおよぶ前面装甲板をもち生産簡略化のため側面板も一枚板となっている。戦闘室は後部まで拡大されている。車体側面はシュルツェン（＊）で防御されている。7.5cm Pak39のマズルブレーキは撤去されている。(＊訳注：ドイツ語で前掛けの意味、薄板の補助装甲板で英語ではスカートと呼ばれる）(BMM)

左頁上●38(t)突撃砲の第1号木製モックアップは、1944年1月に完成した。生産型に比べると、戦闘室長が短い。エンジン室上面の傾斜装甲板の長さに注目。前面装甲板は履帯泥よけ上側面で垂直にカットされている。円錐形防盾とマズルブレーキは、この時点で7.5cmPak39用に計画されていたもの。(BMM)

訳注8：38D車体は、38(t)車体より大型化しており、エンジンにはタトラ社製220馬力空冷ディーゼルエンジンが装備されることになっていた。各種武装が搭載可能で、III/IV号戦車車体に代わって、III号突撃砲、IV号駆逐戦車、クーゲルブリッツ対空戦車のベース車体となることが予定されていた。なお38DのDは以前はドイツ型を意味すると解釈されていたが、最近ではディーゼル型を意味するという解釈が主流となっている。

最終木製モックアップではすでに、通常型の無線アンテナと指揮車用の長距離アンテナのベースが所定の位置に装備されている。近接防御用にリモートコントロール式MG34機関銃が装備されている。ただしこの装備のために、主砲のペリスコープ式照準機のガードが必要になった。操縦手用バイザーのモックアップも取り付けられている。エアインテークを防護する金網は、生産型では取り付けられていない。(＊訳注：旋回軸が戦闘室上面板下に延長されていて、そこに取り付けられたペリスコープと操作ハンドルを使用して、車外に体を出さずに機関銃を旋回、射撃することができた)(BMM)

の欠陥があった。ガスケットの漏洩、空気の濾過、混合気の気化、着火プラグの型式、調速機、2つの燃料タンクを結ぶ燃料ラインなどの、さまざまな問題であった。

兵器局は8月から12月にかけて生産目標を減少させて、工場が問題を解決して作戦可能な車両を生産できるよう、時間の余裕を与えた。一方シュコダ社は7月に最初の10両をスケジュール通りに完成させた。その後彼らは急速に生産を増大するため厳しい状況に直面する。というのも彼らはそうした経験を十分にもっていなかったからである。

38式駆逐戦車の装甲部品は、4つの会社に発注された。ピルゼンのシュコダ社、BMM社、ブレスラウのリンケ・ホフマン(Linke Hoffman)社、コモタウのポルディフッテ(Poldihutte)社である。シュコダ社は10月に爆撃を受け417tもの爆弾を投下されたため、兵器局から10月の生産目標の達成を免除された。11月には400両の38式駆逐戦車が生産されたが、12月にはふたたび生産は低下した。この理由の一端は、シュコダ社の工場が3回の爆撃に見舞われ、375tもの爆弾が投下されたことによる。

月間生産数は1944年1月に434両のピークを迎えた。しかしシュコダ社は兵器局から命じられた、月産500両という魔法の数字に到達することはけっしてなかった。1945年2月1日以降、追加の38(t)駆逐戦車は2100両のみの生産が命じられただけだった。1945年6月には、生産は38D駆逐戦車——よりシンプルな設計でディーゼルエンジンを装備していた——に切り替えられる予定となっていた(訳注8)。

生産は2月に若干低下した。これは部分的にはプラハへの空襲によるもので、この低下は3月と4月にも継続した。これは電力の途絶や部品の不足、そして3月25日のBMM社に対する初めての大規模空襲により、378tもの爆弾が投下されたことによるものだった。

爆撃の被害に対応するため、組み立ては追加施設に移動して行われた。以下は1945年4月17日付のミロヴィツからの報告である。

「空襲後全部で48両の38式駆逐戦車の最終組み立ては、プラハ／リベンのBMM社工場からミロヴィツに移動された。ここでわずか9両の38式駆逐戦車と2両の38式戦車回収車が完成し、検査官に受領された。このような貧弱な結果となったのは、鋳造鋼材の加工機械の再設置や、85人のチェコ人労働者のミロヴィツへの移動と定住が必要だったことが原因である。しかし4月18日に作業が始まると、彼らは12時間から14時間交替で働くことに

1944年4月1日、プラハのBMM社でロールアウトした、最初の38式突撃砲。この車体は長距離無線機用アンテナベースを装備した、指揮戦車型である。リモートコントロール式機関銃は取り付けられていない。（BMM）

　なっており、残りの39両は4月24日までに完成する予定である。プラハ／リベンのBMM社工場での作業は減速しており、4月24日までにはわずか10両しか完成が見込まれない。加えておよそ15両の38式駆逐戦車が、シュランの他の疎開工場で完成する予定であり、全部で62両がプラハ地区で完成する。ピルゼンのシュコダ社では、4月24日までに50～60両の完成が見込まれる。シュコダ社では1945年4月14日までにたった24両しか納入できなかったのにである。生産継続への最大の脅威は、7.5cmPak39（これはドイツ国内で組み立てられている）の不足である」

　さらに1945年4月29日の報告書では、1945年4月15日以来全部で103両の38式駆逐戦車が部隊に引き渡され、さらに同月終わりまでに20両の引き渡しが見込まれていた。5月の計画ははっきりしなかった。というのもたった15門のPak39しか用意されておらず、いくつかは照準器や旋回ギアもなかったからだ。追加の38式駆逐戦車を完成させるため、ミロヴィツの戦車学校に配備された8両の38式駆逐戦車シュタール型から、照準器と旋回ギアを取り外す許可が求められた。

　BMM社は38式駆逐戦車に7.5cm Stuk40（訳注9）の取り付けを試みることにした。この試みは5月中旬に実行され、それ以後Stuk40（ピルゼンのシュコダ社で組み立てられていた）が利用可能となった。その結果5月には90両の38式駆逐戦車が完成する見込みとなった。

表1：38式駆逐戦車の生産

月	計画(原注)	受領(*)	BMM社生産分(*)	シュコダ社生産分
1944年				
3月	0	0	3	0
4月	20	23	20	0
5月	50	50	50	0
6月	100	100	100	0
7月	175	100	100	10
8月	175	171	150	20
9月	250	124	190	30
10月	330	290	133	57
11月	350	403	298	89
12月	380	327	223	104
1945年				
1月	430	434	289	145
2月	350	398	273	125
3月	350	301	148	153
4/5月	250	?	70	47
合計			2047+	780+

＊BMM社からの38式戦車回収車、38式駆逐戦車シュタール型を含む。
原注：この欄の数字は兵器局によって前月に定められた計画生産目標を示す。

シュコダ社も激しい爆撃を受けた。1945年4月24日には一回の空襲で500tの爆弾が投下された。5月の最初の日に何両か追加の38式駆逐戦車が完成したが、記録は残っておらず正確な数は明らかでない。それにしても、戦争の最後の年に2800両を超える38式駆逐戦車が完成したのは驚くべき記録であった。

operational history

運用の経過

車両の概要
Description

　38式駆逐戦車は非常に小さな目標としかならないように設計されており、その高さはわずか1.845m（機関銃の装甲板を含んで2.1m）で、全幅は2.526m（サイドスカートを含めて2.63m）にしかならない。全長も装甲車両としては比較的短く、4.766m（オーバーハングした砲を含んで6.27m）である。砲の発射高も地上からわずか1.402mでしかない。

　すべての装甲板の表面は良好に傾斜している。前上面装甲板は厚さ60mmで垂直からの傾斜は60度、前下面装甲板は厚さ60mmで傾斜は40度であった。前面装甲板は圧延鋼板の溶接による組み立てで、溶接面は強度を増すために噛合式になっていた。60mm装甲板はE22規格に合わせて製作され、ブリネル硬度265〜309に表面硬化処理が施されていた（訳注10）。

　20mmの側面、後面装甲板はSM（Siemens-Marteneit：ジーメンス＝マルテナイト）低硬度合金から作られており、ブリネル硬度は220から265となっていた。側上面装甲板の取り付け角度は40度で、側下面装甲板は15度であった。天面およびエンジンデッキ面装甲板は8mm厚の圧延鋼板で、下面は10mm厚となっていた。

　7.5cmPak39は車体前面装甲板に固定されたマウントに取り付けられていた。砲のマウントは中心からかなり右よりに位置しており、このため旋回角はかなり制限されていた――左側にはわずか5度でしかなく、右側でも11度しかなかった。これに対してもともとの仕様では、左右15度ずつ旋回できることが要求されていた。砲マウントをオフセットした結果として、右側のサスペンションにも、左側サスペンションより、55kg大きい荷重がかかることになった。

　副武装として天面に旋回式機関銃が装備されていた。この銃は装填手によって操作され、装備されたペリスコープ（倍率3倍、視野8度）を覗いて照準、射撃することができた。引き金は右側のハンドルに取り付けられていた。しかし機関銃はベルト給弾式ではなく、弾倉を交換するためには装填手はハッチから身を乗り出さなければならなかった。旋回式銃架には装填手を守るため防盾が装備されていた。しかし防盾の下部にはすき間があり、その端が「羽」状になっているのは、主砲照準器のガードと干渉しないようにするためである。

　車体幅が小さいため、乗員用スペースは非常に窮屈となっている。操縦手、砲手、装填手／無線手は、すべて一列になって左側に並ぶ。彼らの脱出手段は、装填手位置の後方上部のハッチしかない。7.5cmPak39はもともとは車体中央に装備される予定だったため、すべてのコントロール、セーフティスイッチ類は、装填手が配置されるはずだった右側に装備されていた。

　しかし車体幅が狭いため、7.5cmPak39は38式駆逐戦車車体のできる限り右側に寄せ

訳注9：同じ7.5cm砲でもⅢ号突撃砲に搭載されているタイプで、細部に相違があった。

訳注10：ブリネル硬度は金属の硬度を示す指標のひとつ。スウェーデンの技師ブリネルの名前に由来する。
原注：ブリネル硬度試験は、第二次世界大戦中、貫徹に対する装甲板の硬度を測る標準的な方法として、ほとんどの国で利用された。すべての装甲板の厚さに対して理想的な硬度というものは存在しない〜一般的に厚さが増すと硬度は低下する。あまりに堅いと装甲板はもろくなり、徹甲弾が命中したとき砕け散ってしまうのである。イギリス軍とアメリカ軍の装甲板は、通常同じ厚さのドイツ軍の装甲板より低硬度だった。イギリス軍とアメリカ軍は、徹甲弾に貫徹されたとき装甲板が飛散するのを好まなかった。しかしその結果装甲板は、より長い距離で貫徹されることになった。

て装備されてしまった。このため装填手は砲へ反対側から給弾し、砲の向こう側まで手を伸ばしてセーフティを解除し、砲架の下か後座スペースを横切って、ほとんどの予備搭載弾薬を取り出さなければならなかった。車長は砲後座防危用囲い背後の右側後方のへこみに押し込められ、ほかの乗員との直接のコンタクトは不可能だった。

　視察機材は非常に限られており、操縦手用には双眼式のペリスコープ、砲手用にはSfl.Z.F1aペリスコープ式照準器、装填手用には機関銃用のペリスコープ式照準器と9時方向(訳注11)に固定されたペリスコープ、そして車長用にはSF14Zカニ目式ペリスコープが装備されているだけだった。ハッチを閉めた状態では、38式駆逐戦車内部の乗員は、車体右方向に関しては事実上盲目であった。

　動力装置は、排気量7754cc、6気筒ガソリンエンジンで、出力は150mhp/2200rpmである。動力はセミオートマチック式5速トランスミッションからウィルソンクラッチ・ブレーキ式操向装置を介して、最終減速機に伝達される。走行装置は38(t)戦車シリーズから引き継がれた通常型の起動輪と誘導輪をもつが、転輪は直径が大きくなり、上部支持輪は1個となっていた。両者は新型38(t)戦車から流用されたものである。

　戦闘重量は16t(メートルトン)となったが、履帯が35cm幅に広げられ接地長が3.02mあることで、接地圧は0.76kg/c㎡と小さく押さえられた。燃料搭載量は320リッターで、路上180km、路外130kmの航続能力を発揮できた。最大速度は40km/hしか発揮できなかったが、この点は38式駆逐戦車の設計仕様を満足させていなかった。

　38式駆逐戦車の車外に取り付けられた工具と装備は以下のようなものである。右側履帯ガード上にジャッキ、木製ジャッキ台、ワイヤーカッター、左側履帯ガード上に鉄梃、リア

38(t)突撃砲第3号車を右前方から見る。シャシー番号321003が車体前下面板上にチョークで書かれている。これら最初に製作された3両の車体は、7.5cmPak39用装甲球状砲架を覆う外部装甲カバー部分が、前上面装甲板に外装式に右側3本、左側4本のボルトで止められている。ラムホーン(羊の角)式の牽引フックが前下面装甲板下部に取り付けられており、最終減速機のマウント部もスケルトン式となっている。(BMM)

訳注11：車体左側真横方向。

別角度から見た試験中の38(t)突撃砲321003号車。リモートコントロール式機関銃は、側面の長い装甲シールドをもっていた(これはⅢ号突撃砲G型に装備されているものと類似したものであった)。SF14Zシザーズペリスコープ(カニ目鏡)の後方に取り付けられたペリスコープに注目。ドライバーズバイザーのすぐ右側に設けられたマシンピストルポート(*)を確認することができる。(*訳注:涙型の蓋状のもので、Ⅳ号駆逐戦車ZL型に装備されているものとよく似ている。おそらく上端を支点に旋回すると銃眼が露出し、内部から短機関銃射撃が可能となるのであろう)
(BMM)

エンジンデッキ上にピンで連結された8枚の予備履帯、車体後部にピンで連結された6枚の予備履帯と2本の牽引用ワイヤー、左側後部履帯ガード上に箱に入ったS型シャックル2個であった。

生産途中で取り入れられた改良
Modifications Introduced during the Production Run

　当初の設計仕様が13tだったのに対して、実際の車体の戦闘重量は16tに増加してしまった。3tの重量増加によって、駆動機構、クラッチ、リーフスプリング式サスペンションには、過剰な負荷がかかる結果となった。本車はフロントヘビーであり、前部は後部より10cmも余計に沈み込んでしまった。1944年12月25日、この問題を軽減するため以下の改良が提案された。

1. 重量バランスの改善のため装甲厚が変更されるべきである。
2. 新型駆動機構が開発されなければならない。
3. 走行特性を改善するため、重量配分のアンバランスを補正するよう、厚さの増したリーフスプリングが使用されるべきである。

　記録的な時間表で設計から生産になだれ込んだにもかかわらず、ほんのわずかな問題しか生じなかったことは、注目に値する。以下の改良リストには、38式駆逐戦車の外見に大きな変化を及ぼしたものや、機械装置の性能を改善したようなものすべてが含まれている。

1944年4月
　ラムホーン型の牽引具が廃止された。代わりに車体側面装甲板先端が延長され、そこに円形の穴を空けて牽引用に使用できるようにされた。

カナダ・オンタリオ州キャンプ・ボーデンにあるカナダ戦車博物館に展示されている38式駆逐戦車。シャシー番号は321042である。本車は1944年5月に、BMM社で生産された。写真から砲マウント基部のディテールがよくわかる。初期に生産された38式駆逐戦車の多くは、技術、訓練施設に送られた。(HLD)

　砲基部カバーの車体前面装甲板への取り付け部のフランジを小型化し、砲基部カバーの重量が削減された。
　生産に要する時間を短縮するため、起動輪外周の軽め穴の開口が廃止された。
　旋回式機関銃架の装甲防盾が、主砲照準器ガードとの干渉を防ぐため短く切断された。

1944年5～7月

　後部エンジンデッキの大型ハッチをいちいち開けずに各所へアクセスするために、以下のように3つの小ハッチが追加された。

　a. 後方に開く車長用ハッチ
　b. 後右端に冷却水補給用ハッチ
　c. 後左端に燃料補給用ハッチ

　マフラー周囲の防熱ガードは廃止された。
　ピルツェンという名で知られる、穴の開いた短い円筒形の基部が、天面に3カ所取り付けられるようになった。これは砲、エンジン、駆動装置のメンテナンス時に、大型機材を吊

キャンプ・ボーデンの38式駆逐戦車321042号車。球形砲架をカバーする装甲カバーを上から見たところで、前面板への取り付けには2本のボルトしか使われていないことがわかる。(HLD)

り上げるための、2tジブクレーン取り付け基部として使用するためのものである。

1944年8月

軽量化された内部、外部砲基部カバーが導入された。このカバーは重量が200kg減少していた。

中央金属ディスク部分の直径が増大し、周囲のリム部分が小さくなった転輪が導入された。これに先立ち、小直径転輪に大きいリムをボルト止めして、大きい外形の転輪を作り出す改修が行われた。当初は新型転輪にはまだ32本のボルト穴が開けられていたが、しばしば締め付けには16本のボルトしか使用されていなかった。

製造中の機械加工に要する時間を削減するため、8月から一連の異なった形状の誘導輪の取り付けが始まっている。導入された仕様には以下のデザインがリストアップされている。

　a. オリジナルなスタイルの平面板で、穴が6つに減らされたもの。
　b. 溶接されたスポークをもち、平面板で8つの穴をもつもの。
　c. プレス加工されたリブをもち、ディッシュ型で6つの穴があるもの。
　d. 滑らかなディッシュ型で6つの穴があるもの。
　e. 滑らかなディッシュ型で4つの穴があるもの。

操縦手席上部の車体内側に、操縦手の車体からの脱出を容易にするため、ふたつのハンドルが溶接されるようになった。

1944年9月

側面シュルツェンの端が、内側に折り込まれるようになった。これは車体が樹木に引っ掛かって破損するのを防ぐためであった。

サスペンションにかかる過大な負荷によってリーフスプリングが破損する件数を減らすため、後方リーフスプリングの厚み7mmに対して、前方のリーフスプリングの厚みを9mmに増大させることになった。

1944年10月

操縦手用視察ペリスコープのハウジングを通して徹甲弾が貫通した。これは前面装甲板下部に命中した弾丸が跳弾し、突き出したハウジング部に衝突して貫通するというものだった。そのためこの装甲カバーは撤去されることになり、ペリスコープは前面板に開けられた開口部に取り付けられるようになった。開口部の上には、雨水が入り込んだり、太陽光線が操縦手の視野に入り込むことを防ぐため、薄板のガードプレートが取り付けられた。

38式駆逐戦車321042号車には、大型の牽引具が取り付けられていた。これはのちには38式戦車回収車にしか取り付けられなくなった。排気管基部のカバーは丸みを帯びている。後部の傾斜した装甲板上の大型ハッチは車長用のもの。のちにこれは改良されて、切りかかれた小さいハッチが設けられるようになった。（HLD）

転輪のリムのボルト止めが緩むため、新しい転輪では、ボルト止めに代わってリベット止めが導入されることになった。

エンジンのバックファイアと、排気管が赤熱して夜間車体が照らされるのを防ぐために、円筒形マフラーに代えて消炎型排気管が採用された。

砲尾の重い砲の俯仰

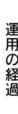

を補助するため、スプリング式の平衡装置が追加された。これはボールベアリングの不足のため、代わりにローラーベアリングが砲マウントに組み込まれたため、必要となったものであった。

　燃料タンクへの急速な給油を可能とするため、オーバーフローパン(燃料受け)に大型ノズルが取り付けられた。

　信頼性の低い電動燃料ポンプに代えて、ゾレックス(Solex)社製の手動ポンプが採用された。

　車長ハッチに頭部保護用クッションが取り付けられた。

1944年11月

　搭載弾数を増加させるため、照準器保管箱が車長席右側に移動した。これによってさらに余分に5発の7.5cmPak39弾薬の搭載スペースが確保できた。

　新型の耐久性の高い冷却水ポンプが取り付けられた。

　乗員コンパートメントの暖房の平均化のため、防火隔壁の通気口の設計が改良された。

　凍結防止のためバッテリーにヒーティングプレートが取り付けられた。

1945年1月

　主砲旋回角度が制限されているため、本車は目標に対処するためしばしば車体全体を旋回させなければならなかった。これは最終減速機に負担となり、しばしば故障の原因となった。これは駆逐戦車がフロントヘビーであり、設計仕様より3tも重量が増大したことが原因であった。1月中旬、旧型の12対88のギア比をもつモデル6から、新型で10対80の強力なギア比をもつモデル6.75最終減速機への代替が開始された。

1945年3月

　3月19日、燃料不足によりただちにディーゼルエンジンに変更することが、グデーリアン

1944年6月19日のBMM社の生産ライン。手前の38式駆逐戦車は、車体左側に追加のFu8無線機用のアンテナベースが装備された、指揮戦車仕様となっている。リモートコントロール式MG34の不足のため、この生産バッチの車体では、一時的に取り付け部が装甲カバーで塞がれている。(BMM)

右頁下●BMM社で撮影された、1944年6月遅くに生産された38式駆逐戦車の右側面。本車は60mm装甲厚をもつⅢ型球状砲架と内部カバー、外部カバーによって、極端なノーズヘビーとなってしまった。その結果、初期の38式駆逐戦車は、ノーズダウンの傾向をもっていた。38式駆逐戦車の前部は、実際に後部より10cm下がっていた。1944年7月、45両の38式駆逐戦車が、東部戦線で使用するため陸軍第731および第743戦車駆逐大隊にそれぞれ配備された。(BMM)

将軍より命じられた。しかしこの命令は、生産の遅延をもたらすことから遂行されなかった。1月の陸軍兵器局の研究では、ガソリンエンジン型とディーゼルエンジン型の38式駆逐戦車で共通のままのパーツは、前面車体形状と転輪と誘導輪だけとされていた。

1945年のその他の改良

カモフラージュ用に小枝などを固定するために、上部車体前面および側面に小リングが溶接されるようになった。

車体側面装甲板の前端は延長されて、牽引具として使用するよう穴が開けられていたが、その側面に補強用の板が溶接されるか、廃止されてU字型のブラケットを、車体前下面板と後面板に溶接するようになった。

38式駆逐戦車指揮用車両
Jagdpanzer 38 als Befehlswagen

大隊司令部か中隊長用に配属された38式駆逐戦車は、長距離通信用に追加の無線機を装備していた。これらの車体には30ワットの送信機を装備したFu8無線機が搭載され、車体左側面上部に白碍子で絶縁されたスターアンテナ(訳注12)の基部が設けられ、周囲は装甲板で防護されていた。

Fu8(中波受信機付きの30ワット送信機)は、周波帯域0.83〜3MHzで、停止時には音声通信距離は50km、無線電信は120kmの伝達範囲があった。ただし移動中は音声通信距離

1944年6月終わりにBMM社によって生産された、38式駆逐戦車を正面から見る。後面には、キャンプ・ボーデンにある38式駆逐戦車321042号車と同様の牽引具が取り付けられている。(BMM)

訳注12:先端が傘の骨のようになって、「星形」に広がっていたのでこう呼ばれた。

は15km、無線電信距離は50kmに減少した。無線機本体とFu8用変圧器は、左側袖部上部に並べられ、GC400発電機は床の上に置かれた。

operational characteristics
運用上の特徴

運用上の特徴では、火力発揮の効率性、機動性、および戦場における生存性といった能力に関連するかたちで、戦闘車両の効率性を説明する。

火力
Firepower

火力の効率性は、主として主砲の徹甲弾の貫徹力や、主砲の正確性、照準器の特性や目標を素早く正確に把握する能力などから導き出される。

装甲板の貫徹力の数値は、垂直から30度傾斜して置かれた装甲板を貫徹した厚みのミリ数値で示される。7.5cmPak39 L/48の徹甲弾の貫徹力は、射撃場で行われた試験によって確定されている。その結果は表2に示されている(訳注13)。

総弾薬搭載数は41発である。38式駆逐戦車では、少なくとも弾薬の35パーセントには対戦車用のPzgr.39(被帽付曳光徹甲榴弾)を積み込むこととされ、残りはSprgr(榴弾)とされていた。もし入手可能なときは何発かのPzgr.40(高速タングステン弾芯徹甲弾)が、重装甲のロシア戦車および戦車駆逐車

表2：装甲板貫通力

	Pzgr.39	Pzgr.40	Gr.38HL/C
弾丸重量	6.8kg	4.1kg	5.0kg
初速	750m/s	930m/s	450m/s
射距離			
100m	106mm	143mm	100mm
500m	96mm	120mm	100mm
1000m	85mm	97mm	100mm
1500m	74mm	77mm	100mm
2000m	64mm		100mm

表3：7.5cmPak39の命中精度

弾種	Pzgr.39 %	Pzgr.40 %	Gr.38HL/C %
射距離			
100m	100 (100)	100 (100)	100 (100)
500m	100 (99)	100 (98)	100 (100)
1000m	99 (71)	95 (58)	82 (45)
1500m	77 (33)	66 (24)	42 (15)
2000m	48 (15)	21 (6)	20 (6)
2500m	30 (8)		
3000m	17 (4)		

38式駆逐戦車第321364号車。アクスバルのスウェーデン戦車博物館で展示されている車体。この車体は1944年8月にBMM社で生産された。本車では古いコンポーネントと新しいコンポーネントがどのように混在しているかがよくわかる。砲にはまだ旧型の防盾が装着されている。しかし外部カバーは軽量化された最終型の球形砲架V型が取り付けられていて、もはや外部にはボルトは取り付けられていない。エンジンデッキにはまだ、小型の冷却水補給ハッチは設けられていない。排気マフラーの対熱ガードは取り付けられていない。軽量化された8つの穴の開いた誘導輪は、この時期に導入されたものである。(BMM)

訳注13：Pzgr.39は一般的な徹甲弾で、Pzgr.40は弾芯のみにタングステンを使用し、口径に合わせてまわりを軽合金で包んで軽量化した高速徹甲弾。軽量なため初速は早いので威力が大きいが、空気抵抗で急速に速度が低下するため遠距離ではむしろ通常の徹甲弾より威力が劣る。Gr.38HL/Cは成形炸薬弾。一般の徹甲弾と異なり、火薬の爆発力で装甲を貫徹するため、弾丸の速度に影響を受けず遠方でも威力が低下しない。ただし弾丸の速度が遅いため、風の影響をうけやすく遠距離の、とくに移動する目標などでは命中させることが難しくなる。

BMM社で8月終わりに生産された38式駆逐戦車を左前方から見る。最終型のV型球形砲架と軽量型マウントが取り付けられている。車体にはまだ下部に引っ掛ける爪のある牽引用延長部が装備されている。この時期には軍への納入前に工場で迷彩塗装を行うようになっていた。

8月終わりに生産された38式駆逐戦車の左側面。2本のスペアアンテナに、指揮戦車にしか装備されないはずのスターアンテナが装備されている。8月中に38式駆逐戦車は、SS第8騎兵師団を含む各種部隊に配備された。(BMM)

用に搭載された。Pzgr.40には炸薬は充填されておらず、そのため貫徹後の破壊力はPzgr.39より劣る。

4番目の弾種はGr.38HL(HEAT)で、成形炸薬の効果を利用している(訳注14)。Gr.38HLは貫徹力が劣り命中精度も低いので、Pzgr.39より決定的でない。しかしGr.38HLは榴弾の代わりにもなるので、装甲戦闘にも軟目標にも有効な榴弾としても使用された。

7.5cmPak39は、1000mで初弾命中が期待できる精度の高い砲であった。表3に掲げられている精度は、高さ2m、幅2.5mの標的──この標的は目標となる戦車の正面サイズに相当する──に対する命中率である。表のデータは目標までの距離が正確に測定されていることが前提であり、命中範囲は標的の中央部を表している。

訳注14:モンロー効果およびノイマン効果と呼ばれる物理現象を利用した弾薬。火薬をコーン状に成形することで、爆発力を中心に集中させて高温高速のジェットで装甲板を破壊、貫徹する。

訳注15:同じ砲を使用して同じ射撃条件で射撃しても、砲身の状態、火薬の状態その他そのときごとの各種条件により、砲弾は常に同じように飛翔するわけではない。この砲弾のばらつきぐあいを示すのが散布界である。一般に散布界が狭いほど、命中精度のいい砲といえる。

最初の数字は試験射撃中の砲の散布界(訳注15)に基づき得られたものである。括弧に入った2番目の数字は、試験射撃で得られた散布界を2倍にして計算されたものである。ドイツ軍では、散布界を2倍にしたものが、冷静さを保った部隊の戦闘中のデータとしておおよそ正確なものと判断していた。

この射撃精度の表は、戦闘状況下の実際の目標命中率を表すものとはなり得ない。射距離測定の誤りそのほか多数の要因により、初弾命中率はこの表よりかなり低くなる。しかし平均的な射手なら、照準を目標の中心に修正したのちは、表の括弧内の数字程度の精度は発揮できるだろう。

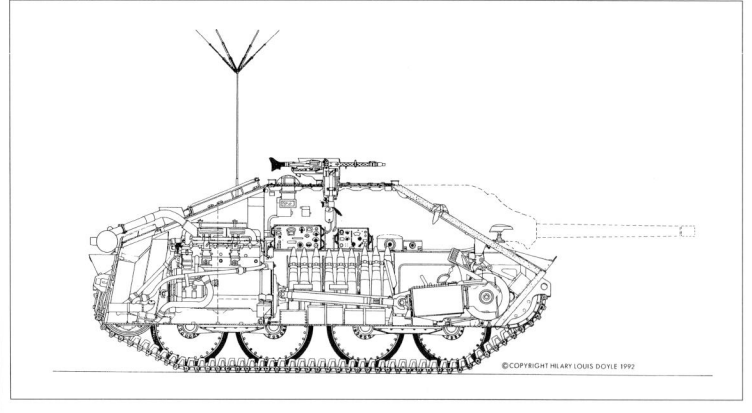

38式駆逐戦車の主砲照準器は、Sfl.Z.1a潜望鏡式照準器で、砲の左側に装備されていて先端が天面の穴を通して上面に突き出している。照準用目盛線のパターンは、4ミル(訳注16)ずつ離れた7つの三角形からなる。目標を三角形の表示に重ねることで、砲手は目標の観測を妨げられることなく照準することができる。並んだ三角形の間隔は、目標の移動速度を測るのに使用される。三角形の高さと間隔は、目標までの距離測定にも役立てられる。

砲手は目標までの距離を、選定された弾種(訳注17)に合わせた距離調整ドラムを使ってセットする。各弾種ごとに距離調整ドラムには、レンジ目盛が刻まれている。目盛は、Pak39は100mごとに3000mまで、Pak40は2000mまで、Gr.38HLは2400mまで、Sprgr.34(榴弾)は3600mまで刻まれていた。

機動力
Mobility

38式駆逐戦車は、ほとんどの連合軍戦車と同様か、それ以上の障害物および不整地踏破能力をもっていた。性能特性は表4に示された通りである。

表4：性能特性

最高速度：	40km/h
最高路上維持速度：	20〜30km/h
平均不整地行動速度：	15km/h
路上行動範囲：	180km
路外行動範囲：	130km
超壕幅：	1.3m
渡渉水深：	0.9m
超堤高：	0.65m
登坂力：	25°
地上高：	0.38m
接地圧：	0.76kg/c㎡
出力重量比：	9.4PS/t (メートル馬力／トン)
旋回率：	1.28

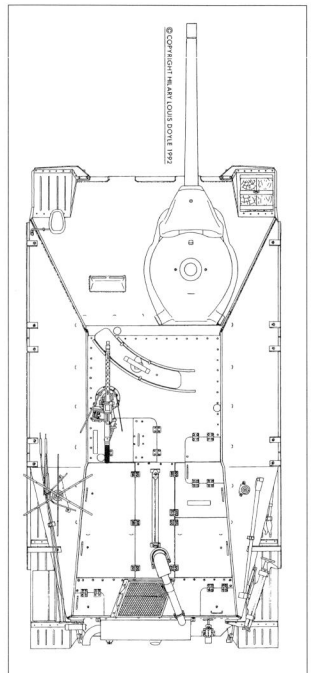

1944年9月に生産された38式駆逐戦車の上面および右側面図。1/76スケール。本車は指揮戦車の仕様となっており、図面には追加の無線機(Fu8)の装備位置が描かれている。
(Hilary Louis Doyle)

訳注16：ミルは円周の1/6400の弧に対する、中心角を意味する。

訳注17：それぞれの弾薬は重さや形状、発射薬が異なっており、発射後の飛翔パターンも変わってくるので、それに合わせた修正が必要になる。

訳注18：「JS」はイォーシフ・スターリン(IS)戦車シリーズのことで、名前の独語訳の頭文字がJS。

戦場における生存性
Survivability on the Battlefield

　非常に強力な主砲と並んで38式駆逐戦車の優れた点は、厚い前面装甲である。しかし側面、後面装甲は、小火器および機関銃から発射される徹甲弾に抗堪する程度である。1944年10月5日の兵器局第一課の報告書による、38式駆逐戦車と主要対抗車種との相互の貫徹距離が表に示されている。貫徹距離は戦車が弾丸の飛翔方向から30度の角度を向いていると仮定したものである。

貫徹距離表1：38式駆逐戦車 VS クロムウェルおよびチャーチル

	38式駆逐戦車の7.5cmPak39によるクロムウェルの貫徹距離 〜まで	クロムウェルの75mmM3による38式駆逐戦車の貫徹距離 〜まで	38式駆逐戦車の7.5cmPak39によるチャーチルの貫徹距離 〜まで	チャーチルの75mmM3による38式駆逐戦車の貫徹距離 〜まで
前面：				
砲塔	1000m	—	1700m	—
防盾	1600m	0m	1400m	0m
操縦手前面	1800m	0m	1300m	0m
前面	1400m	0m	1100m	0m
側面：				
砲塔	1800m	—	1700m	—
上構	3000m	3000m	3000m	2600m
車体	1800m	3500m+	3000m	3500m
後面：				
砲塔	2100m	—	2600m	—
車体	3500m+	3500m+	3500m+	3400m

貫徹距離表2：38式駆逐戦車 VS シャーマンA2およびA4

	38式駆逐戦車の7.5cmPak39によるシャーマンA2の貫徹距離 〜まで	シャーマンA2の75mmM3による38式駆逐戦車の貫徹距離 〜まで	38式駆逐戦車の7.5cmPak39によるシャーマンA4の貫徹距離 〜まで	シャーマンA4の76mmM1A1による38式駆逐戦車の貫徹距離 〜まで
前面：				
砲塔	1000m	—	1000m	—
防盾	100m	0m	100m	100m
操縦手前面	0m	0m	0m	0m
前面	1300m	0m	1300m	800m
側面：				
砲塔	3000m	—	3000m	—
上構	3500m+	3000m	3500m+	3500m+
車体	3500m+	3500m+	3500m+	3500m+
後面：				
砲塔	3000m	—	3000m	—
車体	3500m+	3500m+	3500m+	3500m+

貫徹距離表3：38式駆逐戦車 VS T-34/85およびJS-122（訳注18）

	38式駆逐戦車の7.5cmPak39によるT-34/85の貫徹距離 〜まで	T-34/85の85mmS53による38式駆逐戦車の貫徹距離 〜まで	38式駆逐戦車の7.5cmPak39によるJS122の貫徹距離 〜まで	JS-122の122mmA19による38式駆逐戦車の貫徹距離 〜まで
前面：				
砲塔	700m	—	100m	—
防盾	100m	100m	0m	500m
操縦手前面	0m	0m	0m	0m
前面	0m	400m	0m	1200m
側面：				
砲塔	1300m	—	300m	—
上構	1400m	3500m+	200m	3500m+
車体	3200m	3500m+	500m	3500m+
後面：				
砲塔	1800m	—	0m	—
車体	1000m	3500m+	100m	3500m

左頁中●プラハのBMM社工場で展示される、8月終わりに生産された38式駆逐戦車の右側面。いわゆる「アンブッシュ」迷彩（＊）が、工場段階で塗装されていたことがはっきりわかる。（＊訳注：三色の雲形パターンに明暗の小さな斑点を塗装した迷彩。アンブッシュは待ち伏せという意味だが、公式のものではなく欧米の研究家が言い出した名称。ドイツ側では「光と影」迷彩と呼んだ）（BMM）

左頁下●8月終わりに生産された38式駆逐戦車の後面を見る。（BMM）

crew in action

戦闘中の乗員

　戦闘の成否は乗員各自が与えられた任務を、冷静かつ熟達して達成できるかどうかにかかっている。各乗員の任務は、1944年11月付の火器操作と題された訓練文書のなかに書かれている。この珍しい文書は、ミロヴィツの38式駆逐戦車乗員向けの訓練学校の司令官によって編まれたもので、敵戦車を撃破するために、各乗員が遂行しなければならない任務の詳細が、以下のように説明されている。

車長●目標の確認のためには、戦場を徹底的に観測することが必要とされる。完全な暗闇では、聴くことが重要となる。戦闘室の明かりを消せ！　照明弾を低角度で撃ち上げよ(10度以下で)。パラシュート付照明弾を使うのは、射撃位置が完全に隠蔽されているか、少なくとも部分的に隠れているときだけである。目標地域を探照灯で照らすのは、非常に短い時間(3〜5秒間)だけである。探照灯は消灯したのち、すぐに横を向けるか覆わなければならない。というのは消灯後も発光体がまだ赤熱しているからで、そうしなければすぐに敵に発見されてしまうからだ。目標を選定したら、操縦手に用意された射撃位置に移動するよう命令する。「操縦手、森の端2時の方向、土壁の背後だ。前進！」

射手●車内の砲固定具を外し、目標を探し車長に報告する。もしすぐに目標を破壊する必要(近接した対戦車砲のような目標)があれば、命令を待たずに発砲する。車両がふたたび移動開始する前に固定具で砲を固定する。注意深く砲、点火栓を検査し、砲照準器をクリーニングして、照準器をしっかりと固定する。薄暮と夜間は照準器のレチクルの照明を点け、照準器を榴弾の距離ドラムで400mにセットしておく。

装填手●行動準備──利き手で信管を調定し、装填不良を防ぐため、装填前に弾薬をぬぐうためのボロ布を用意しておく。もし可能であれば視察、とくに側面と後面を視察せよ！

操縦手●戦場を観測し、目標を探してそこまでの距離を標定する。移動経路と次の射撃位置を考える。良好な射撃位置を捜し出すこと。できれば車体前が軽く上がった傾斜面の縁で、車体の露出部分が森か物陰に隠れているのが理想的である。もし操縦手が車体を物陰に隠した位置で目標を見ることができれば、砲手は縁越しに射撃することができる。

車長●射撃指揮の開始。目標の位置と方向は、地形の特徴とクロックフェース(時計の文

シュコダ社で生産された38式駆逐戦車、9月にケーニッヒグレーツで撮影されたもの。最終型の砲マウントとV型球形砲架を装備している。エンジンデッキの後部には、冷却水補給用ハッチが設けられていた。新型転輪は大きいディスク部分に小さいリム部分をもち、32本のボルトで止められるものに、変更されているのが大きな変化である。まだ後部高い位置に牽引用ブラケットがあり、その下にフックを取り付けるようになっている古いスタイルの車体形状をしている。9月には第183国民擲弾兵師団や第16戦車師団といった部隊が、38式駆逐戦車を受領した。(Škoda Archives)

訳注19：車体正面を12時、右90度方向を3時というように、車体からの方向を時計の文字盤を想定して示す方式。

字盤）指示システムを使って説明される（訳注19）。正確に指示するためには「30分」も使用される。たとえば「11時半方向の小屋！」といった具合である。夜間は夜目を保つために、戦場を探照灯で照らす前に、乗員にあらかじめ点灯することを告げなければならない。

砲手●砲固定具を外して、駆逐戦車の停止後に照準器を調整する。

装填手●砲閉鎖機を開放する。

操縦手●目標を駆逐戦車の真正面に捕らえるため右ないし左に旋回させ停止し、観測を助ける。

車長●選択した弾種を、第一音節を強調して、「パ～ンツァーグラナーテ（徹甲弾）」、「ネ～ベルグラナーテ（発煙弾）」、「ホ～フルグラナーテ（成形炸薬弾）」というように明瞭に発音する。

砲手●右手を使って照準器の弾種に合わせた距離ドラムを選択する。

装填手●弾薬架から命令された弾薬を取り出す。親指で信管栓の余分なグリースをぬぐい取る。ぼろ布を使って弾薬についた埃をふき取る。両手で弾薬を持ち上げ、弾薬先端を砲尾に押し込む。閉鎖される尾栓で挟まれないように、腕を後方にすぐ引き抜くように、弾薬を握りこぶしで滑り込ませる。そしてすぐにセーフティスイッチを射撃位置に切り替え、「装填よし」と叫ぶ。

車長●100m単位で距離設定を伝達する。

砲手●右手を使って距離ドラムのマークを設定された距離に合わせる。そして左手で砲を上または下に俯仰させる。それから照準器越しに観測する。

車長●砲を旋回させる方向を、右または左と指示し、選択された目標（すなわち対戦車砲または戦車というように）と位置（前面、近づいてくる、遠ざかって行く）について説明する。たとえば「小屋の右側、左に15ミル、横向きのT-34」といったぐあいである。

砲手●目標を照準器の視野にとらえることができるように、命令された方向に砲を旋回、俯仰させる。目標を確認したら報告する。目標の位置を照準器のレチクル上中央の「V」の字に合わせる。

車長●もし目標が移動していれば方向を指示し、見越し角を砲手に伝達する。たとえば「右から近づく、6ミル」のように。

砲手●主砲照準器を6ミル目標に見越し角をとるように動かす——照準器レチクルに刻まれた4ミルずつの幅のある小さい「V」の印を使う。

車長●発射された弾丸の曳光する軌跡を追うか、榴弾の爆発を観察する用意を整えて、

1944年10月の2回にわたる激しい爆撃で破壊された、ピルゼンのシュコダ社工場で生産された装甲車体。ピルゼンのシュコダ社工場は、12月にもふたたび爆撃された。
（Tank Museum）

1944年10月、BMM社における半完成で半塗装状態の38式駆逐戦車。この時期の38式駆逐戦車の外見的な特徴は以下のようなものである。新しい操縦手用視察装置の組み合わせ、16個のリベットをもつ転輪、牽引ブラケットの下部に爪がありブラケット位置が下がった新型車体。引っ掛かって破損することを避けるため内側に曲げられた、シュルツェンの前後部。10月にBMM社の迷彩パターンは、ダークイエロー（RAL7028）をベースにして、ダークオリーヴグリーン（RAL6003）を雲形および帯状に塗装したものに変更された。前面板には操縦手用ヴィジョンブロックを防護するため、偽装用の黒の長方形が塗装されるようになった。（BMM）

「発砲」を命じる。

砲手●照準点が正確にセットされ、車長による「発砲」命令が与えられて、初めて発砲する。

車長●砲弾の飛翔と、どこに着弾したかを入念に観測し、観測結果を伝える。たとえば「外れ、遠弾、近弾」（榴弾の場合）、「命中、短い、どんぴしゃ」（広域目標の場合）などだ。より良好な弾着を得るためには、側面にいる別の駆逐戦車の車長の指示を受けるのがよい。彼の視界は発砲による発煙と発光（夜間の場合）に、阻害されることがないからである。

砲手および操縦手●同様に着弾を観測して、もし車長の観測結果と異なる認識であったら、車長にその旨を伝えなければいけない。

車長●砲手に修正を伝える。まず方向、そして距離である。たとえば「5ミル右、400追加、目標左に広がる、距離同じ」といったぐあいである。

砲手●命じられた距離に照準器を動かし、距離ドラムを新しい距離にリセットする。車長から発砲命令が出されたら、射撃する。

車長●一度会敵したら、砲撃戦は目標が破壊されるまで、速いペースで続行される。弾薬消費を節約するため、各目標ごとに発射された弾数を報告する。目標が変更されるごとに、砲手に発砲命令が出されなければならない。それ以上目標が発見できなければ、別の射撃位置に変更することが必要である。または攻撃が進められる。操縦手には射撃位置から出る命令が出される。──通常うしろと伝達される。「操縦手、後方に移動！」

砲手●素早く砲固定具を取り付ける。

装填手●もし可能であれば、戦場の観測を補佐する。

　よく訓練された乗員であれば、脅威となる目標が発見されてから、第1弾が発射されるまで、15秒以上はかからなかった。しかし戦争のこの時期には、これだけの技量を備えた乗員は、非常に少なかった。ほとんどの場合、新しい38式駆逐戦車が訓練場に届けられてから、部隊が前線に送られるまでわずか1週間以下しかなかったのである。

combat service

戦闘行動

　歩兵師団の戦車駆逐大隊に14両の38式駆逐戦車を装備しようという計画は、早くも1944年4月には前線での部隊試験が始められた。しかし多数の細々とした問題のため、4～5週間の遅れが生じ、4月に完成した38式駆逐戦車が、ブレスラウにある軍兵器集積所に送られたのは、5月28～30日のことになってしまった。これらの車両のうちの15両は、すぐに砲の試験射撃、機関の試験、寒冷地試験、運用、管理・整備マニュアルの作成のため、各地の軍試験場（2両がヒラースレーベン、2両がベルゲン、1両がヴンスドルフ、5両がクンマースドルフ、3両がベルカ、1両がプトロス）に移送された。さらに7両がミーラウの戦車駆逐学校に送られ、6月20日から7月25日にかけて続く38両が部隊訓練のため、補充軍に送られた。

　結局、生産開始後3カ月たって、1944年7月4日から13日にかけて、最初の戦闘部隊、第731軍直轄戦車駆逐大隊が、45両を受領した。この部隊は東部戦線北方軍集団戦区に送られた。さらに45両を装備（7月19～28日にかけて受領）した第743軍直轄戦車駆逐大隊が、東部戦線中央軍集団戦区に移送された。これらふたつの部隊は、K.St.N.（戦力定数指標）1149号にしたがって、それぞれ14両の「38式軽戦車駆逐車」14両を装備する3個中隊と、3両を装備する大隊本部から編成されていた。各中隊のなかの1両と大隊本部の2両の38式駆逐戦車は、展開した部隊の指揮統制用に、長距離交信用のFu8無線機を追加装備していた。加えて第731戦車駆逐大隊には、損傷、破壊された駆逐戦車を回収するために、4両の戦車回収車が配備されていた。

　さらに3つの軍直轄戦車駆逐大隊が、直接配備された。1944年9月の第741戦車駆逐大隊、1945年2月の第561戦車駆逐大隊、1945年3月の第744戦車駆逐大隊である。第741戦車駆逐大隊は分割されて、第1中隊は東部戦線に送られ、大隊の残りは西部戦線に送られ、1944年9月22日からアルンヘム戦区に投入された。

　38式駆逐戦車製作の主目的は、軍直轄戦車駆逐大隊を編成することではなく、各歩兵師団に自前の機動戦車駆逐戦力をもたせることにあった。これらは敵の突破に対する反撃に従事するとともに、歩兵自身の攻撃の支援任務にあたることが企

1944年10月中に、円筒形の排気マフラーに代えて、「消炎器」が取り付けられるようになった。8つの軽め穴をもち補強のためのリブが溶接された軽量化誘導輪が採用された。10月中に38式駆逐戦車は、東部戦線の第4山岳師団、西部戦線の第708国民擲弾兵師団など11個の部隊に配属された。（BMM）

図されていた。それゆえ38式駆逐戦車の大部分は、歩兵、猟兵、擲弾兵、騎兵、国民擲弾兵師団の戦車駆逐中隊編成に、組み込まれることになったのである。1944年8月から1945年1月までに、各戦車駆逐中隊には14両の38式駆逐戦車が配備された。1945年2月から4月まで、多数の部隊に配備するため、各中隊はたった10両の38式駆逐戦車を配備されることになった。

アルデンヌ攻勢の開始までに、第741軍直轄戦車大隊に加えて、18個戦車駆逐中隊が西部戦線に送られ、これらの部隊には全部で295両の38式駆逐戦車が配備されていた。1944年12月30日付のB軍集団の報告書では、16個戦車駆逐中隊の190両の38式駆逐戦車のうちの131両が可動状態だったとある。G軍集団では、2個戦車駆逐中隊と第741軍直轄戦車駆逐大隊の67両の38式駆逐戦車のうちの38両が可動状態だった。彼らが西部戦線で直面していた連合軍機甲戦力の数量的優越性に圧倒された点を考慮しなくさえ、これはすばらしい記録である。

その他の装甲車両生産の途絶および遅れのため、以下の部隊が直接38式駆逐戦車を配備された。

SS第16機甲擲弾兵師団（Ⅳ号駆逐戦車の代わり）
ユーターボクおよびシュレージェン戦車駆逐大隊（Ⅳ号戦車/70（Ⅴ）(訳注20)の代わり）
FHH（フェルトヘルンハレ）機甲師団および機甲擲弾兵師団（Ⅳ号戦車/70（Ⅴ）の代わり）
第236突撃砲旅団（Ⅲ号突撃砲の代わり）

枢軸同盟国を支え、受け取った希少金属の代価支払いのため、ドイツは同盟国に38式駆逐戦車を含む装甲車両を売却または贈与した。計画では7月と8月に各15両の38式駆逐戦車がルーマニアに引き渡されることになっていた。しかし生産がドイツ自身の必要を満たすにも不十分だったため、ルーマニアは1両の38式駆逐戦車も受領することはできなかった。早くも9月にはハンガリーに38式駆逐戦車を引き渡す計画が立てられた。これは遅れたけれども、最終的に75両が鉄道で輸送された（25両が1944年12月7日に発送され12月9日に到着し、25両が1944年12月10日に発送され12月12日に到着、25両が1944年12月12日に発送され翌日到着した）。これらはハンガリー軍の突撃砲大隊に配備され、南方軍集団隷下、東部戦線で戦った。

1945年1月24日、新たな実験として第104戦車駆逐旅団の編成が開始された。この旅団は以下の部隊から構成されていた。

第104戦車駆逐旅団本部（以前の第104戦車旅団）
機甲偵察中隊「クランプニツ」
第1戦車駆逐大隊
第2戦車駆逐大隊
第3戦車駆逐大隊
第4戦車駆逐大隊
第5戦車駆逐大隊
第6戦車駆逐大隊
第111突撃砲教導旅団
第115機甲偵察大隊
機甲偵察大隊「ミュンヒェン」

訳注20：いわゆるⅣ号駆逐戦車ラング。

右前方から見た38式駆逐戦車。イギリス軍に捕獲されて試験を受けたこの38式駆逐戦車は、現在、ボーヴィントン戦車博物館に展示されている。シャシー番号は322111で、この車体は1944年12月初めにBMM社で完成したものである。車体の装甲板は、ピルゼンのシュコダ社で生産された。この時期にはディッシュ型で6つ穴の誘導輪が使用されていた。（HLD）

カラー・イラスト

解説は46頁から

図版A1：38式駆逐戦車　シャシー番号321003号車　1944年3月

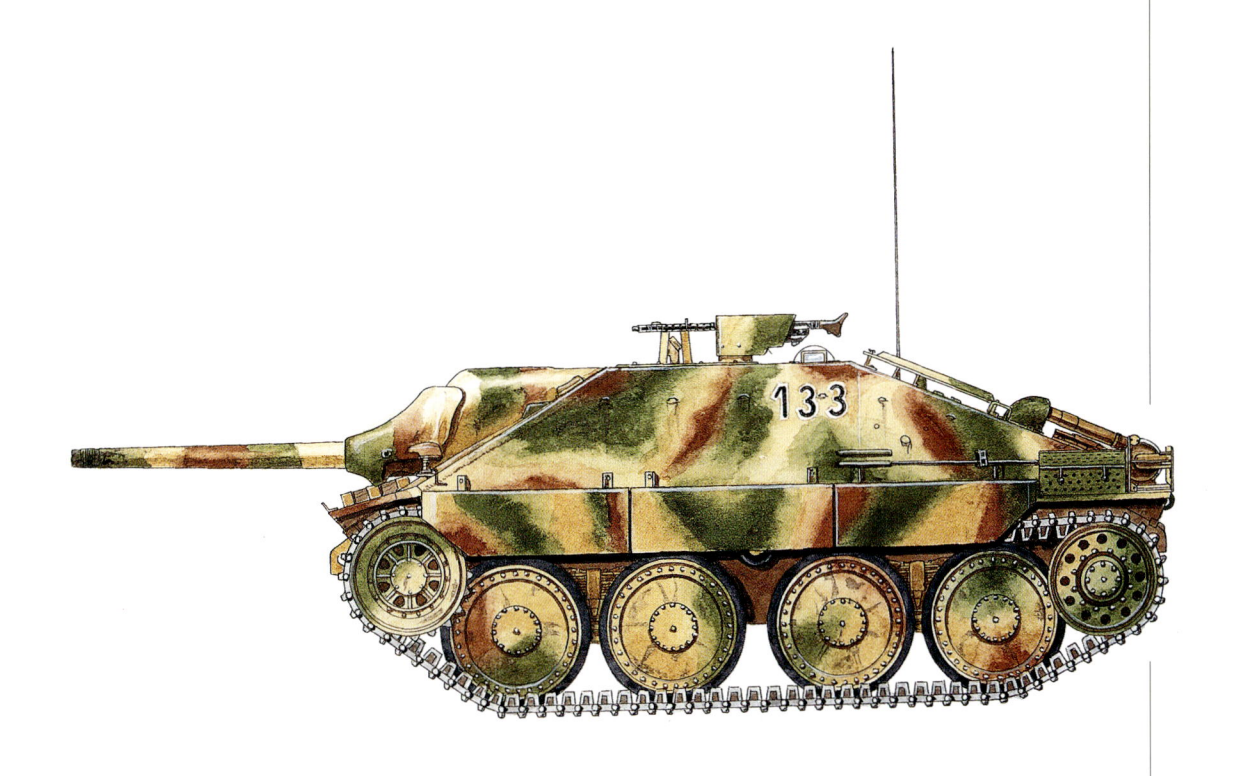

図版A2：38式駆逐戦車　1944年5月

図版B1：38式駆逐戦車-指揮戦車　1944年9月

図版B2：38式戦車回収車　シャシー番号321822号車　1944年11月

B

図版C：38式戦車回収車　シャシー番号322678号車　1945年2月

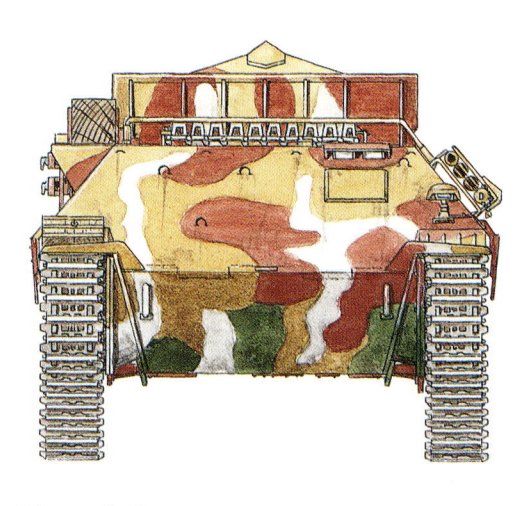

図版D:
38式駆逐戦車　シャシー番号322111号車
1944年12月

各部名称
1. 7.5cm Pak39 L/48主砲
2. 木製ジャッキ台
3. 砲防盾
4. 砲球形砲架用装甲ハウジング
5. 砲照準器マウント
6. 天面装甲10mm
7. Sfl ZF.1a潜望鏡式照準器
8. 照準器用スライド式装甲カバー
9. 2tジブクレーン取り付け用「ピルツェン」ソケット
10. 車長区画用ハッチ
11. Fu5無線システム用2mロッドアンテナ
12. SF14Zカニ目式ペリスコープ（砲隊鏡）
13. 車長用後方視察用ペリスコープ
14. 7.5cm Pak39 L/48主砲用後座防危板
15. 右側のエンジン、ラジエーター給水口およびエアフィルター用アクセスハッチ
16. 無線手、砲手、操縦手用エスケープハッチ
17. 排気管周囲に取り付けられた消炎冷却装置
18. 予備履帯
19. 遠隔操作式7.92mm MG34機関銃
20. スライドカバー付冷却気排気口
21. Fu5無線機
22. 160馬力6気筒epaAC2800エンジンおよびバッテリーラック用左側アクセスハッチ
23. 乗員区画暖房気取り入れ口
24. 320リッター燃料タンク給油口アクセスハッチ
25. 隊列保持用尾灯
26. 2m予備アンテナ取り付け具
27. 道具箱
28. 20mm側面装甲板
29. 履帯緊度調整可能誘導輪
30. 後部装甲板下に設けられた冷却気取り入れ口
31. シュルツェン、対戦車ライフル射撃から20mm側面装甲板を防御するための5mm厚装甲板
32. 装甲ディスク式ゴムタイヤ付転輪
33. 350mm幅履帯、Kgs 350/140
34. 無線機用変圧器
35. 遠隔操作式MG34用ペリスコープ
36. 袖部弾薬架のPzgr.39/40徹甲弾
37. クラッチ
38. 無線手用座席
39. 砲手用座席
40. 内側傾斜20mm装甲板
41. 砲俯仰用手動ハンドル
42. 半楕円状リーフスプリング
43. 転輪軸
44. 砲旋回用手動ハンドル
45. 操縦手用座席
46. ノーテック管制式ライト
47. 起動輪
48. 動力伝達軸
49. 砲およびドライブシャフト右側にある弾薬架
50. ギアボックス、前進5段後進1段
51. 操向レバー
52. 60mm前下面傾斜装甲板
53. 刻印されたシャシー番号
54. 60mm前上面傾斜装甲板
55. 牽引ケーブル用ブラケットおよび車体吊り上げブラケット

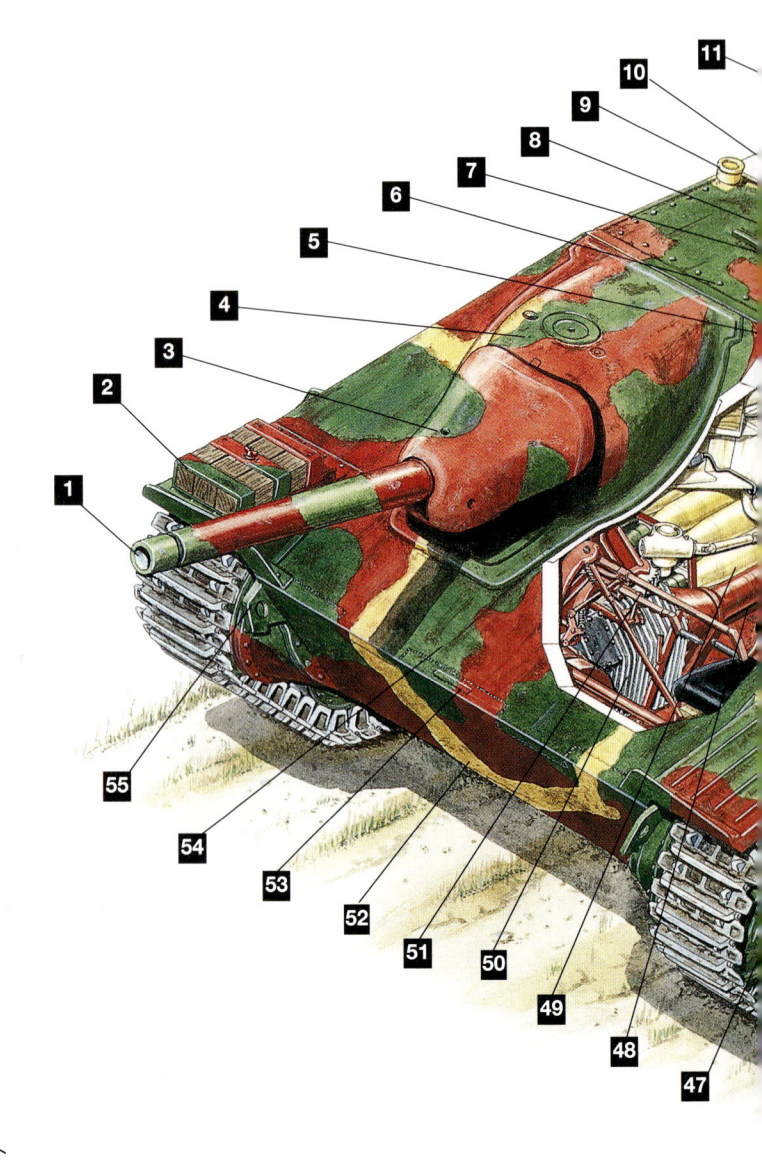

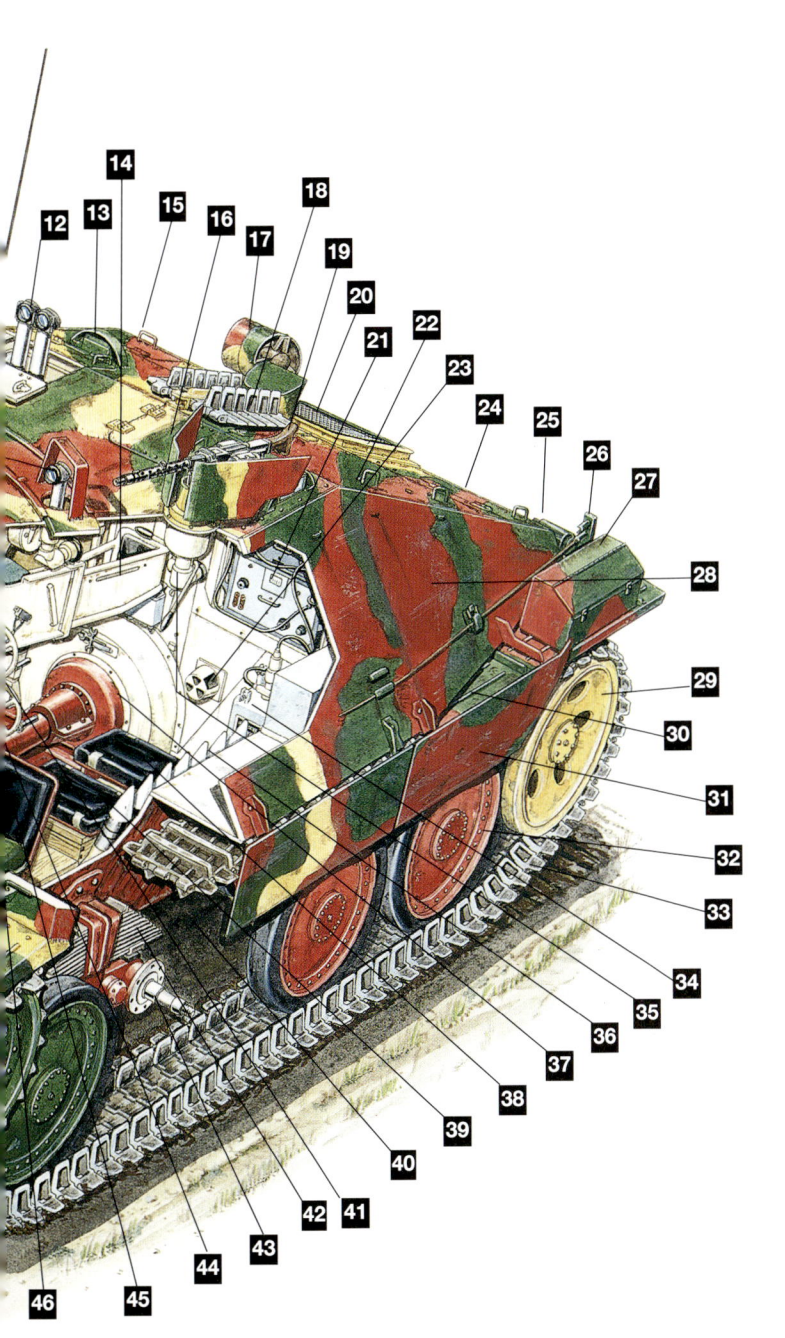

仕様

- 最高速度：40km/h
- 最高路上維持速度：20～30km/h
- 平均不整地行動速度：15km/h
- 航続距離(路上)：180km
- 航続距離(不整地)：130km
- 超壕幅：1.3m
- 渡渉水深：0.9m
- 超堤高：0.65m
- 登坂力：25°
- 地上高：0.38m
- 接地圧：0.76kg/c㎡
- 出力重量比：9.4mPS/t
- 旋回率：1.28
- 戦闘重量：16000kg
- エンジン：epaAC2800 6気筒エンジン、排気量7754c㎡、160PS/3000rpm
- 全長：6.27m
- 全幅：2.63m
- 全高：2.10m
- 変速機：プラガ＝ヴィルソン、前進5段、後進1段
- 兵装：7.5cm Pak39 L/48
- 主砲弾薬：
    7.5cm Pzgr.39 (39式徹甲弾)
    7.5cm Pzgr.40 (40式徹甲弾、タングステン弾芯)
    7.5cm Sprgr. (榴弾)
- 照準器：Sf Zeilfernrohr 1a (Sfl ZF.1a潜望鏡式照準器)
- 主砲砲弾携行数：41発

図版E：38式駆逐戦車シュタール型
シャシー番号322971号　1945年4月

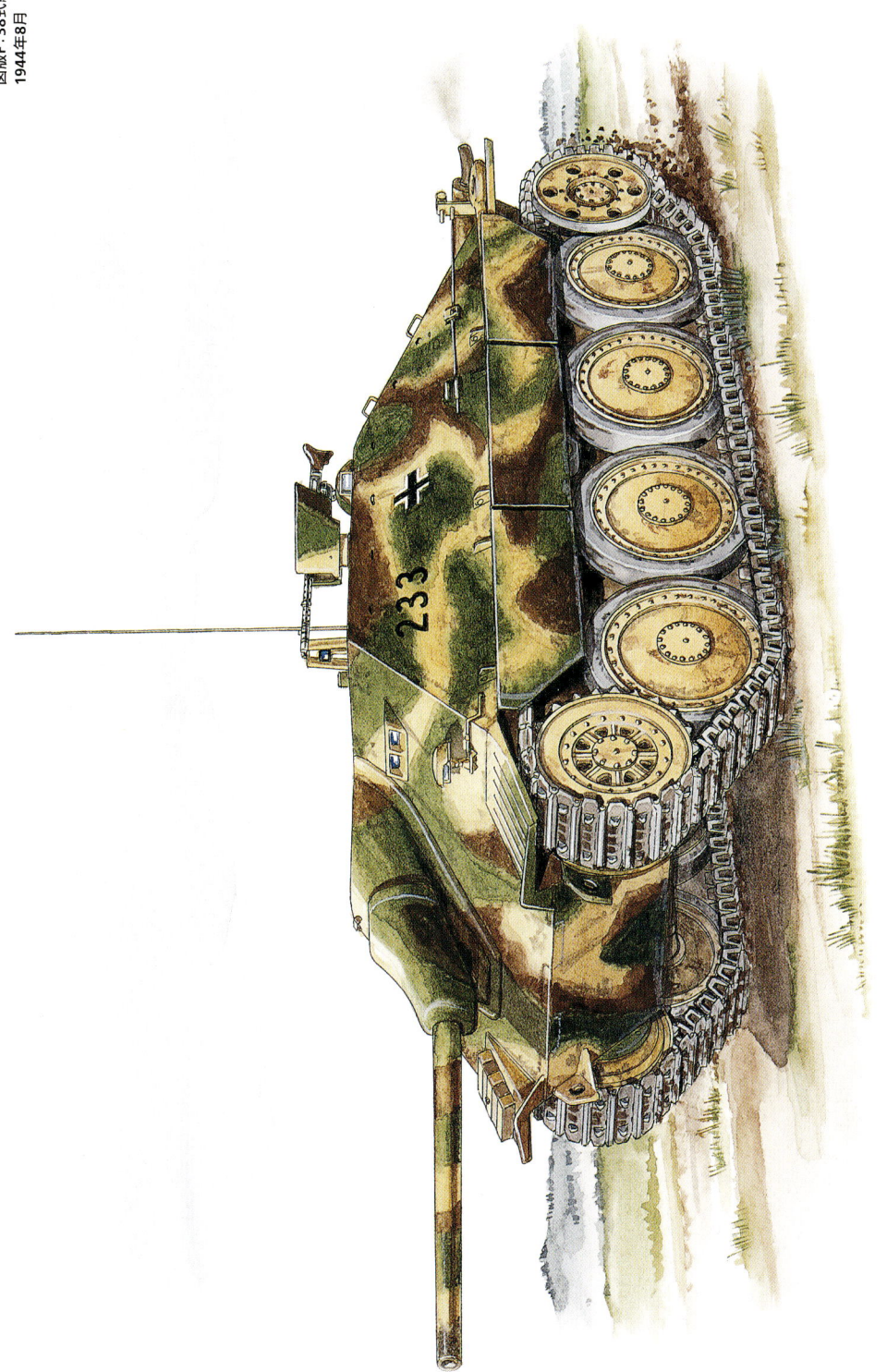

図版F：38式駆逐戦車
1944年8月

F

図版G：38式駆逐戦車
シャシー番号323814号車
1945年5月

各戦車駆逐大隊は、各々14両の38式駆逐戦車を装備する戦車駆逐中隊2個と、14両の38式駆逐戦車と16両の装甲ハーフトラック——Sd.Kfz.251/3（中型装甲無線車）1両、Sd.Kfz.251/1（軽装甲兵員輸送車）5両、Sd.Kfz.251/21（3連装MG151搭載自走対空車両）5両——を装備する機甲偵察中隊1個から成っていた。

しかし第1戦車駆逐大隊は2個戦車駆逐中隊ではなく3個戦車駆逐中隊をもち、そのうち2個戦車駆逐中隊はⅣ号突撃砲を装備し、1個戦車駆逐中隊と機甲偵察中隊は38式駆逐戦車を装備していた。これらの大隊を編成する戦車駆逐中隊は、歩兵師団（第21、第129、第203、第542、第547、第551）から抽出されたり、まだ部隊名称が付与されていない教育中隊（6a、6b、9b）から編成されたものや、まったく新しく編成された中隊（第510戦車駆逐大隊第2、第3中隊）もあった。

第104戦車駆逐大隊は1945年1月終わりから2月始めに、東部戦線のヴァイヒゼル軍集団に配属された。旅団は歩兵支援や反撃任務に投入されたのではなく、旅団の偵察部隊はソ連軍の機甲部隊を発見し、戦車駆逐大隊はそれを撃破するために使用された。確固とした部隊編成を維持していれば第104戦車駆逐旅団はハンター・キラー部隊として大旋風を巻き起こしたろう。しかし、これはしばしば起こりがちであったが、それぞれの部隊は前線のあちこちに開いた突破口を塞ぐために、東部戦線のほとんど半分の範囲にばらまかれてしまったのである。

1945年3月15日、東部戦線の51個の戦車駆逐中隊は、529両のうち359両の可動38式駆逐戦車を保有していた。西部戦線では26個戦車駆逐中隊で、236両のうち137両、イタリア戦線では4個戦車駆逐中隊に、56両のうち49両の可動38式駆逐戦車を保有していると報告されていた。1945年4月10日付の戦争終結前の最後の包括的戦力報告書によると、東部戦線では661両のうち489両、西部戦線では101両のうち79両、イタリアでは76両のうち64両が可動となっていた。この集計された報告書は、多くの部隊のものが未報告であった状況から、完全なものと見なすことはできない。しかしここから明らかになるのは、相対的に高い可動率である。これは戦闘における38式駆逐戦車の機械的信頼性と生存性を立証するものである

ボーヴィントンの322111号車を左前方から見る。38式駆逐戦車をどの部隊が保有していたかを示すものはない。12月には38式駆逐戦車は13個の部隊に配属されたほか、予備および補充集団に充当された。これらのなかには西部戦線の4個国民擲弾兵師団と1個歩兵師団が含まれる。さらに50両はハンガリー軍に引き渡すために抽出された。（HLD）

戦闘の記録
Combat Reports

38式駆逐戦車が実際どのように戦闘を行ったかは、いくつか生き残ったドイツ軍の戦闘詳報のなかに見ることができる。これらは唯一の直接の見聞であり、戦闘直後に戦った本人によって記録されたものである。これらの報告書は、前線部隊が直面した戦術的成功や問題など情報として最高の水準をもっている。残念ながらアメリカおよびイギリスの戦闘部隊は、ドイツ軍の突撃砲、戦車駆逐車、駆逐戦車を名前によって区別しておらず、単にそれをまとめて「自走砲」と呼んでいる。それゆえに、イギリス、アメリカ軍の戦闘後の報告書からは、彼らの戦車が38式駆逐戦車に直面したとき何が起こったかを学びとることは不可能である。

「38式軽駆逐戦車」を装備する最初の部隊の経験は、1944年10月の「戦車部隊ニュース」に以下のように記録されている。

「『38式軽戦車駆逐車』はその実戦試験に合格した。乗員は彼らの駆逐戦車に誇りをもち、歩兵はこの兵器を信頼している。とくにその「旋回射撃」機関銃を評価している。本車は低いシルエット、良好に傾斜した装甲板をもつ効果的兵器で、敵戦車との戦闘、攻撃、防衛両局面での歩兵支援というふたつの主要任務に、完全に適合している。

「ほんの短いあいだに、1個の中隊は1両の損失も出さずに、20両の戦車を撃破した。1個大隊では57両の戦車で、そのうちの2両は、JS122（原文のママ）を800mの射距離で撃破したものだった。1両の駆逐戦車も敵砲火に貫徹されなかった。命令された目的地に到達するため、大隊は1日に160kmも移動したが、1両の駆逐戦車も落伍しなかった。

「行軍中および集結地で、もっともよいカモフラージュ方法は、できるだけ地勢に応じたかたちで、駆逐戦車を茂みに偽装することであった。このカモフラージュは、視察と射撃を妨げないように、数秒間で取り払えるものでなければならない。

「敵戦車との戦闘で、低いシルエットの『38式軽戦車駆逐車』は、すぐ敵に直接照準で砲火を浴びせ、素早く位置を変え、敵を待ち伏せて、効果的な距離から砲火を集中することができた。

「前面装甲板は、ロシア軍の7.62cm対戦車砲（野砲）に抗堪することができた。現在までのところ、損失は側面または後面の貫徹によって生じたものである。それゆえにとくに重要なことは、敵に強力な前面装甲板を向けることである。

「敵戦車あるいは歩兵集団への反撃のためには、駆逐戦車は少なくとも小隊単位で、最前線に密着して配備されるべきである。前線背後では敵砲兵の攻撃準備のための弾幕射撃にさらされてしまう。村や交差点、その他しばしば敵砲兵に選択される目標は避けるべきである。敵の突破後素早く発起された反撃で、常に敵は撃退され敵には大損害を被らせることができた。

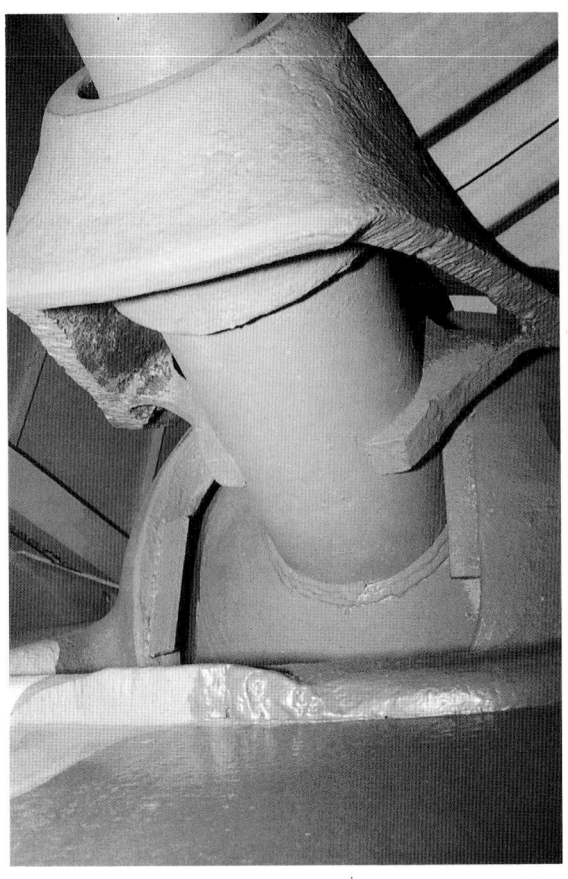

シャシー番号322111号車砲架部のクローズアップ。(HLD)

同じ車両の消炎排気マフラーをクローズアップで見る。(HLD)

38式駆逐戦車322111号車の内部。操縦手席部分。計器盤の計器類は失われており、2基のペリスコープも枠だけしか残っていない。(HLD)

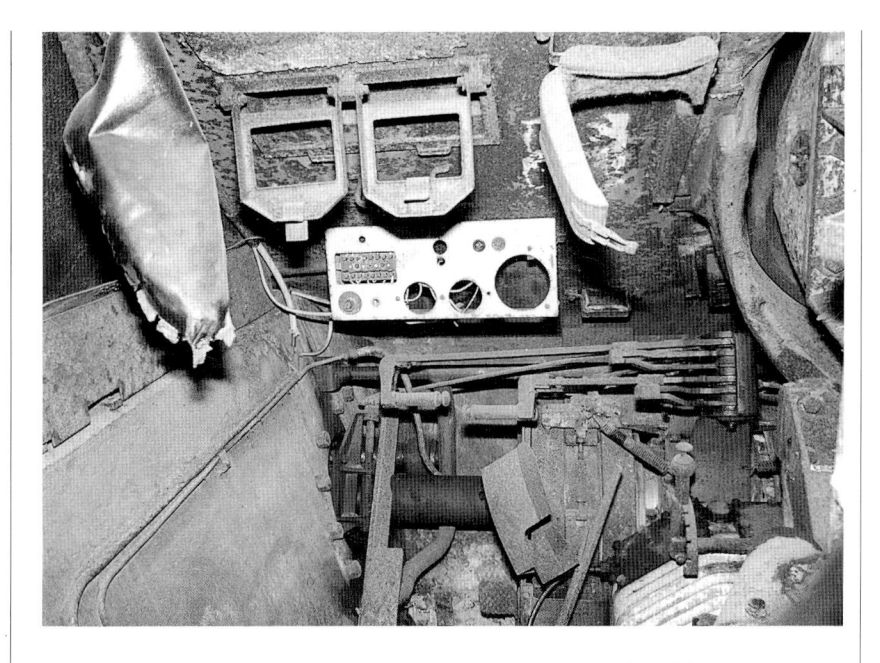

同じ車両の内部、操縦手席から右側を見たもの。ギアボックスとPak39の旋回ギアが見える。(HLD)

「『38式軽戦車駆逐車』は、湿地帯に縁どられた道路に沿った攻撃の支援などに、用いるようには設計されていない。駆逐戦車は、道路を外れた途端にはまりこんでしまうだろう。道路上に停止すれば、7.5cmPak39の旋回制限から、側面の目標と交戦することができず、敵の側面からの対戦車砲の射撃によって、薄い側面装甲板を容易に貫徹されてしまうだろう。

「『38式軽戦車駆逐車』は、完全機械化部隊に追従したり偵察用途に使用するには、あまりに速度が遅すぎる。これらの任務では、相当に素早く展開しなければならず、結果として機械的トラブルで、不必要な多数の損失をもたらすだけである。

「ワルシャワでの市街戦では、『38式軽戦車駆逐車』はその機動性と「旋回射撃」機関銃によって、非常に有効であった。しかし機関銃の再装填のためには装填手はハッチを開けねばならないので、2両目の駆逐戦車に、支援射撃を要請する無線を入れるべきである」

38式駆逐戦車を装備した最初の戦闘部隊は、第731軍直轄戦車駆逐大隊で、1944年7月終わりから戦争終結まで東部戦線で戦い続けた。第731大隊には最初45両の38式駆逐戦車が配備され、さらに11月に10両、12月に20両が補充のため追送された。記録によれば9月1日には保有数33両のうち30両が可動、10月1日には25両のうち25両、1945年1月1日には22両のうち12両、2月1日には41両のうち27両、3月1日には28両のうち13両が可動

となっていた。
　1945年1月21日には、大隊長が以下のような戦闘詳報を起草している。
「この報告書は1944年12月1日から1945年1月21日までの、第3次クーアラント戦の時期を対象としている。ロシア軍は攻勢を開始するにあたって、3時間の砲兵射撃を行った。砲兵射撃は、後方は師団司令部地域までに及び、さらに支援として爆撃と襲撃が軍団司令部地域まで実施された。前線突破後、ロシア軍は連隊司令部地域までの侵入に成功した。しかし完全なる突破には成功しなかった。対戦車砲に脅え、ロシア戦車は歩兵が限定的な突破に成功してから突入した。

「砲兵射撃による牽引式対戦車砲の消失後は、対戦車防衛戦闘は、突撃砲、駆逐戦車、自走式戦車駆逐車によって行われた。戦闘の最初は、第731大隊の主要部分は軍団予備に置かれ、1個中隊は第201歩兵師団の師団予備となっていた。軍団戦区における敵の突破地点が判明してから、残りの2個中隊が師団に派遣される。行動初日、各中隊は7両の38式駆逐戦車を装備していた。これは地形および天候条件のため中隊装備のうち、わずか60パーセントしか可動状態に維持できなかったからである。

「2日目、4両の可動38式駆逐戦車を装備した第3中隊は、周辺を制高する高地に位置する、バルキという名前の村を奪回するよう命じられた。窪地のなかに隠れて、中隊は随伴小隊によって占領された位置まで50m以内にまで前進した。敵によって占領された主防衛用の塹壕陣地は、バルキ村の北東に位置していた。バルキ村の南端には2カ所の機関銃陣地が作られているのはわかっていた。反撃が失敗しないためには、まず塹壕を攻撃しなければならない。近接支援のため4名の歩兵が駆逐戦車に随伴した。残りの歩兵15名は生け垣によじ登り、駆逐戦車の戦車長の発射した白い信号弾を合図に、敵陣地に襲いかかった。4両の駆逐戦車はこれを側面から支援した。ロシア兵は彼らの陣地から飛び出し、榴弾によって効果的に始末された。砲撃中に歩兵が攻撃して塹壕を占領した。残された機関銃陣地は白兵戦で奪取された。この小部隊による反撃成功によって、制高点はふたたび我が手に戻った。同じ日に高地を奪回するため、さらに2回反撃を行わねばならなかった。

「敵の攻撃が歩兵の反撃で18時40分に撃退されたのち、3両の38式駆逐戦車を装備した第2中隊は、歩兵主陣地の直後に下がった。20時ころ、2回目の敵2、3個中隊による奇襲が開始され、我が歩兵陣地への突入に成功した。ロシア軍は軽榴弾砲中隊を捕獲し、隣接大隊の司令部に突入した。3両の38式駆逐戦車の主砲と機関銃によるよく狙われた直接射撃によって、敵は右側腹から捕捉されロシア兵は大急ぎで混乱のなかを撤退した。

「4両の38式駆逐戦車を装備した第3中隊は、1200mの距離からJS122（原文のママ）と砲撃戦を演じた。ロシア軍の重戦車は、反斜面に良好な位置を確保した中隊長の駆逐戦車に対して、10発を発射した。10発すべてが駆逐戦車の方に向かってきたが、100m短かった。中隊長はすぐに1両の駆逐戦車を、窪地を通る隠しルートを抜けて敵の側面に送り、側腹から攻撃させた。この38式駆逐戦車から放たれた6発目が、ヨーゼフ・スターリン122（原文のママ）の側面を貫通し、敵戦車は燃え上がった。この経験から、もし可能なら1両だけの38式駆逐戦車で砲撃戦を演じてはならない、ということが再度強調されるべきであ

砲手席から見た内部。俯仰ハンドルが見えるが、その上にはSfl.Z.F.1a照準器が取り付けられる。砲尾の向こう側に、車体右側面の弾薬架が見える。（HLD）

る。発射薬が発火すれば煙が吹き戻され、車長の砲隊鏡を包み込み、視察と砲手の照準修正を妨げる。2両目の駆逐戦車は弾丸の飛翔と着弾点を観察し、無線で修正値を伝達して、早急な敵戦車の破壊を可能にするのである。

「排気管の消炎装置は、不適当であることが判明した。これはエンジンからのノイズを招き、遠方から聞かれることになる。このため集結地点でのエンジンの暖気運転を不可能にする。エンジンをかければすぐに攻撃発起点を離れねばならず、そこには敵の砲撃が降り注がれることになる。

「総体として38式駆逐戦車が、高速、機動戦車駆逐車として、歩兵の攻撃および反撃の両者において支援兵器として、その任務は良好に達成できることが、ふたたび証明された。行動初日の2時間で、大隊はすでに以下の戦果を上げた。ヨーゼフ・スターリン122 1両、T-34 1両、7.62cm対戦車砲1門、機関銃座8基、迫撃砲3門破壊、敵兵60名殺傷、機関銃4門、敵兵2名捕獲」

しかし実際には上記の報告書が述べるようには、事態は円滑には運ばなかった。間に合わせの駆逐戦車を装備して前線に送られた訓練未了の部隊の反応が、以下の報告書に述べられている。これは1944年11月に西部戦線の将軍宛に送られた報告書である。

「第1708戦車駆逐突撃砲中隊は、鉄道で第708国民擲弾兵師団のもとに送られ、11月13日の朝ロータウで降ろされた。中隊は8.8cm対戦車砲自動車化小隊（牽引式対戦車砲）から改編されたもので、14両の38式駆逐戦車を装備し、短機関銃を装備した60名の歩兵護衛小隊をもっていた。

「師団への報告書によれば、中隊長は11月13日、1700（17時）に中隊が積み降ろされると同時に戦闘命令を受けた。中隊長からの偵察と協調の必要があるという意見具申にもかかわらず、中隊は戦術的必要性から、偵察も地形に関する知識も擲弾兵との協調も無しに行動することを強いられた。攻撃では第1708中隊は非常に弱体な歩兵大隊の指揮下に入った。攻撃は予定のように14日早朝には開始されなかった。これは約束された増援の歩兵が時間通りに到着しなかったからである。1330（13時30分）ころ、優越した兵力のアメリカ軍による攻撃が開始され、駆逐戦車の反撃は中止された。

「11月14/15日の夜、弾薬と燃料補給、必要な整備のために、数km後退したいという中隊長の要請は却下された。駆逐戦車は夜中、村の防衛につかなければならなかった。非常に弱体な歩兵警備兵力しか使用することができなかった。攻撃は11月15日0700（7時）に、左翼の突撃大隊とともに再興されることが予定された。しかし突撃大隊が位置につかなかったため、この攻撃は延期された。

「0915（9時15分）、ドイツ軍の主防衛線を煙幕で目潰ししてから、アメリカ軍は攻撃を開始した。煙が晴れたとき、アメリカ兵は駆逐戦車の左側面わずか40～50mのところにいた。駆逐戦車はすぐに砲火を開いた。照準器に直撃弾を受け、車長2人が頭に命中弾を受けて戦死したのち、2両の駆逐戦車が敵歩兵によって撃破された。同時に左翼から約6両のシャーマンと敵歩兵による攻撃が開始された。その後す

322111号車の車体内部後方を見たところ。左端後方が車長スペースで、SF14Zカニ目鏡の取り付け具が装備されている。右側のへこみはFu5無線機の取り付け部。(HLD)

左側面。操縦手、砲手、装填手席側面に配置された弾薬架。(HLD)

ぐ正面に8両のシャーマンが出現した。別の38式駆逐戦車も敵歩兵によって破壊された。小隊長の駆逐戦車も擱坐したため、爆破しなければならなかった。その後アメリカ軍歩兵と対戦車砲が右翼から攻撃してきた。

「大隊長は部隊に戦いながら森のなかへ撤退するよう命じた。しかしまた別の38式駆逐戦車が擱坐したため、第1708中隊はすぐに後退することができなかった。彼ら自身の護衛歩兵小隊は、攻撃してくる敵歩兵部隊を阻止しようとしたため大損害を被った。擱坐した38式駆逐戦車が引き出されたため、第1708戦車駆逐中隊は撤退し指定された森にたどり着いた。しかしドイツ軍の歩兵大隊はもうそこにはいなかった。戦車駆逐中隊はただ生き残った護衛歩兵小隊を周囲にもっているだけだった。彼らの右側はドイツ軍の地雷原で通ることはできなかった。うしろは小川になっており、38式駆逐戦車は渡ることができなかった。中隊長は左側の村を突破する決断をした。森を出てすぐに2両の駆逐戦車が直撃弾を受け、中隊長の駆逐戦車も敵弾が起動輪に命中した。これら3両の駆逐戦車はすぐに炎に包まれた。さらにわずかなのち、残る2両の駆逐戦車も側面から命中弾を受けた。

「第1708戦車駆逐中隊は、駆逐戦車乗員のうち2名の士官が行方不明で、10名が戦死、7名が負傷した。護衛の歩兵小隊は2名の士官と30名の兵士を失った。戦闘に参加した38式駆逐戦車9両すべてが失われた。中隊には5両の長期修理（2両はトランスミッション、1両は最終減速機、2両はオイルクーラー）が必要な38式駆逐戦車が残されているだけである」

戦車部隊の将軍の反応から察すると、これはまれなできごとではなかったようだ。彼によれば、これは新しく配備された戦車駆逐突撃中隊がわずか数日中に完全に消滅した例として、ここ2週間で2度目の例だという。彼は不十分な訓練にどれだけの責任があったかはわからなかったが、戦術レベルの指揮官がこの部隊の運用を誤ったことはわかっていた。

38式駆逐戦車はその数があまりに少なく、その出現はあまりに遅すぎた。ドイツ軍自身が大戦末期に気づいていた、悪化する戦況を転換する機会はなかったのである。

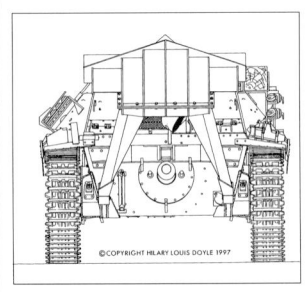

上●1945年2月に生産された38式戦車回収車の後面図。1/76スケール。本車にはウィンチと駐鋤が装備されていた。（Hilary Louis Doyle）

下●38式駆逐戦車322111号車を紹介する最後の写真。これは車体左側から見たエンジン室。38式駆逐戦車のエンジンは、「epaAC2800」直列6気筒オーバーヘッドバルブエンジン、排気量7754ccである。（HDL） variants

派生型

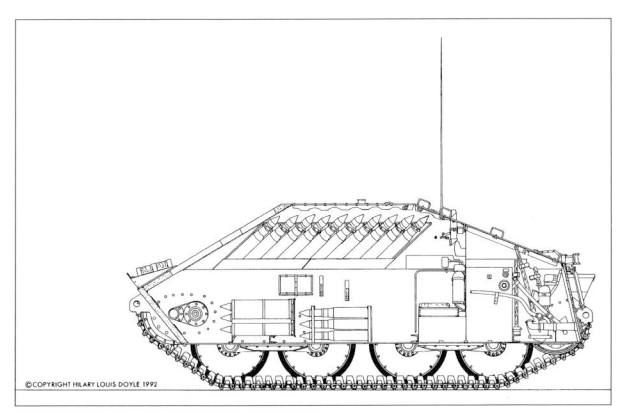

1944年12月に生産された38式駆逐戦車の側面透視図。1/76スケール。この図では、Pak右側面の弾薬架が図示されている。車長席は戦闘室後方にある。エンジン室右後方は、工具および装備収容部となっている。
(Hilary Louis Doyle)

訳注21：戦車等の牽引にはワイヤーロープではなく、牽引バーを用いてしっかり固定するのが原則であった。

訳注22：重量物を揚降するためのチェーンブロックを使った手動クレーン。

訳注23：スペード。車体が移動しないよう地面にめり込ませて安定させる。

訳注24：擱座戦車の牽引、回収のための巨大なワイヤー固定具。地面に打ち込み戦車回収車と同時に使用され、回収時のワイヤーの固定点として使用する。

訳注25：はまり込んだ履帯の下に差し込むなどして、軟弱地からの脱出を助けるために使用される。

訳注26：ドイツ軍の陸戦兵器の試験場があった。

38式戦車回収車（Sd.Kfz.136）
Bergepanzerwagen 38（Sd.Kfz.136）

　38式戦車回収車は、もともとは38式駆逐戦車の上部構造物の背を低くして、オープントップの乗員、装備収容コンパートメントを設けた車体であった。大型ブラケットが車体後部を横切るようにボルト止めされており、その中央には固定牽引バー（訳注21）を取り付けるための、牽引具が溶接されていた。上部構造物上縁内側には、ジブ＝ブーム（訳注22）用の支持基部が2カ所設けられ、3カ所目の支持基部は右側外側に取り付けられていた。

　当初38式戦車回収車は、擱坐した駆逐戦車を引き出すためには、ワイヤーケーブルとプーリーを装備していただけだった。ウィンチと駐鋤（訳注23）を装備するため、いくつかの設計案が試みられた。このなかには前面に駐鋤を装備して、ウィンチケーブルを前面板のスリットから繰り出すような方式もあった。生産型に採用された（1945年2月から）設計は、後部にピボット式に（昇降できるように）駐鋤を取り付け、ウィンチを車体内部右側に装備するというものだった。

　最初の8両の38式戦車回収車は1944年5月に完成し、1945年4月までに全部で181両が生産された。それらの車両には特別なシャシー番号は割り当てられていなかったので、38式戦車回収車は38式駆逐戦車と入り交じったシャシー番号となっていた。これはプラハのBMM社の生産ラインで並行して生産されていたからである。

　1944年11月1日付のK.St.N.1160aでは、38式駆逐戦車を装備した歩兵、山岳、猟兵師団の戦車駆逐大隊の司令部および補給小隊には、38式戦車回収車1両が戦車回収アンカー（訳注24）とともに配備されることになっていた。戦車回収アンカーは38式戦車回収車がウィンチ非装備車の場合には配備されなかった。

　1944年11月1日付のK.St.N.1152(fG)では、同様に38式駆逐戦車を装備した戦車、機甲擲弾兵師団の戦車駆逐大隊の補給小隊にも、38式戦車回収車（Sd.Kfz.136）を装備することとされていた。

　38式駆逐戦車シリーズに各種の改良が導入されるのに合わせて、38式戦車回収車にもさまざまな変更が取り入れられた。それは以下のようなものである。1944年6月には、大型の木製脱出用円材（訳注25）とジブ＝ブーム・クレーン用のロッドを搭載するためのブラケットが車体側面に溶接され、固定牽引バーが取り付けられるようになった。1945年2月からは、前面装甲板の厚さが30mmに減らされ、ウィンチと駐鋤が装備されるようになった。

　1944年6月、クンマースドルフ（訳注26）で、38式戦車回収車の38式駆逐戦車牽引能力を判定するための試験が挙行された。問題となったのは、30tの能力をもつ牽引バーが、牽引用の鳩目に正しい角度で取り付けられないことと、中央の牽引シャックルが車体後面板

終戦時にケーニッヒグラーツの
シュコダ社で、未完成状態で
放棄された38式駆逐戦車。シュ
コダ社では牽引ブラケットの
破損を防ぐため、補強板を溶
接していた。4つ穴のディッシ
ュ型誘導輪は、シュコダ社の
後期生産型の標準だった。エ
ンジン室から鋤と鉄床が移動
し、車体外側に取り付けるた
めの取り付け具が装備されて
いる。エンジンデッキ右側の
ラジエーター給水口小ハッチ
は溶接して閉じられ、主エンジ
ンハッチと一体化された。ヒン
ジは生産簡略化のため、すべ
てボルト止めから溶接止めに
変更された。1945年4月に引
き渡された38式駆逐戦車は
タイプとしては第10バッチにあた
り、西部戦線の第1、第2海兵
師団や、東部戦線の第715歩
兵師団などに配備された。
(APG)

に近すぎて、固定ピンが打ち込めないことであった。車体側面の牽引具(20mm車体側面板を延長したもの)は、あまりに弱すぎた。3つが壊れ、その厚さは30mm増加させることが推奨された。

38式戦車回収車(シャシー番号321072)は、クンマースドルフの試験走行場において各種地形で、38式軽戦車駆逐車(シャシー番号321011、重量14.6t)を牽引するのに使用された。12.25時間に39km/h(平均速度3.2km/h)を走行してのち、トランスミッションが故障した。サードギアは水平な路上でしか使用できなかった。水平な不整地ではセカンドギアを使用する必要があり、緩い傾斜地ではローギアが使用された。38式戦車回収車は4度以上の傾斜では、車両を牽引することは不可能だった。燃料消費量は1kmあたり7.5リッターであった。これは280リッターの燃料を搭載している車両では、37.3km走行できる計算になる。

2両目の38式戦車回収車(シャシー番号321073)は、——試験に38式戦車駆逐車が使用できなかったため——最初の38式戦車回収車(シャシー番号321072、重量13.1t)を、乾燥した道路上での牽引能力を測定するのに使用された。エンジンが故障するまでに、全部で184km走行し、平均速度は7.2km/hであった。燃料消費率は1kmあたり4.48リッターで、搭載燃料で62.5kmが走行できる計算になる。

トランスミッションの修理後、38式戦車回収車(シャシー番号321072)を使用してさらに試験が続けられた。このときは経験ある操縦手が担当した。各種地形上を総計474km走行し(平均速度は8.9km/h、燃料消費率は1kmあたり4.8リッター)で、砂利道では277km(平均速度10.4km/h、燃料消費率は1kmあたり2.75リッター)であった。結論として38式戦車回収車は、水平な地形で短い距離なら「38式軽戦車駆逐車」の牽引が可能であるが、起伏のある場所や砂地、泥地などでは「38式軽戦車駆逐車」の牽引は不可能というものであった。

38式駆逐戦車シュタール型
Jagdpanzer 38 starr

38式駆逐戦車に無反動砲を搭載するという計画は、結局試作段階から先に進むことはなかった。ここでいう無反動砲とは、無反動でロケット推進の弾頭を開放型のチューブから発射するという意味の無反動砲ではない(訳注27)。これは普通の弾薬を発射する普通の砲を、駐退復座装置(訳注28)を省略して、単に固定式に車体に装着しただけのものである。反動は緩衝されずに直接全車体で吸収される。

1943年12月に行われた概念設計検討に引き続いて、38(t)軽突撃砲の最終生産型に無反動砲架を使用して砲を搭載する決定が下された。無反動砲架はまだ開発中で試験が終了していなかったため、折衷案として7.5cmPak39 L/48が使用されることになった。7.5cm

訳注27:さらに正確に言うと無
反動砲とロケット砲もまた別物
である。無反動砲は発射時に
砲弾の質量と釣り合う重さの
発射ガスを砲弾と反対方向に
噴出することで反動を打ち消
す砲である。これに対してロ
ケット砲は砲弾に取り付けられた
ロケットの噴出の反作用で砲
弾が推進するもので、正確を
期するためにはロケット砲とい
うよりはロケット弾発射機とい
うべきかもしれない。

訳注28:油圧シリンダーやスプ
リングなどで砲弾の発射によ
って砲に加わる反動を吸収し、
反動でうしろに下がった砲を
元の位置に復帰させる装置。

シュコダ社で部分的に組み立てられた38式駆逐戦車323814号車。本車は戦争終結時にアメリカ軍に接収され、アメリカ、メリーランド州アバディーン装甲試験場に運ばれた。本車は現在も、メリーランド州アバディーンの武器博物館に展示されている。(NA)

L/48砲の砲身が、Ⅳ号戦車車体に固定式に取り付けられ、1943年9月と11月にクンマースドルフ試験場で試験が行われた。1944年1月には同じくクンマースドルフで、軽量のⅡ号戦車車体に7.5㎝ L/48砲を固定した射撃試験が行われ、続いて兵器局第4課はさらに38(t)戦車駆逐車に砲身を固定式に取り付けた車体を含む、開発、試験が行われることを報告している。

1944年5月15日、兵器局第4課は38(t)車体に固定式に砲を装備した車体の射撃機能試験が、5月11日に始まることを報告した。1944年8月1日には、アルケット社は38(t)突撃砲固定砲から1000発の射撃が行われ、これまでのすべての経験が現在進行中の設計に盛り込まれていることを報告している。最初の試験砲は8月終わりに38(t)車体に搭載されることが予定された。アルケット社は、すぐに開始するよう命じられていた「Oシリーズ」の100両の車体の生産を、試験射撃の結果が設計に盛り込まれるまで遅らすべきだと主張した。1944年8月11日、兵器局第4課は38(t)突撃砲に新しく設計された固定砲架からの、1000発の試験射撃を1944年9月の第1週に始める計画であることを報告した。1944年9月21日、兵器局第4課は、試験射撃中に照準器の部品がしばしば壊れることを伝えている。

試験射撃用に転用された38式駆逐戦車に加えて、9月に固定砲架への改造用に、9月にクルップ／アルケット社に2両がさらに引き渡された。固定砲架を装備した38式駆逐戦車シュタール型「Oシリーズ」の10両（シャシー番号321679〜321683および322370〜322374）は、1944年12月から1945年1月にBMM社で完成した。1945年3月22日にタトラ8気筒ディーゼルエンジンを装備した最後の38式駆逐戦車シュタール型は、1945年半ばにヒットラーに展示するよう命じられた。

1945年3月31日にベルカ実験大隊から、当該地域の緊急防衛のためベルカ戦車中隊が編成されたが、同部隊はベルカ試験場に試験用に送られていた38式駆逐戦車固定砲型の1両を保有していた。同じ日、ヒットラーはこの38式駆逐戦車が連合軍の手に落ちるのを防ぐため、すぐに破壊するよう電話で命じた。1945年4月29日、ミロヴィツの訓練所にあった8両の38式駆逐戦車から照準器と旋回ギアを取り外すことが要求された。これはこれらの車両が戦闘には使用できなかったからで、こうしたコンポーネントは、組み立て工場でもう何両かの38式駆逐戦車を完成させるのに緊急に必要とされていたのであった。

カラー・イラスト解説 The Plates

（カラー・イラストは25-32頁に掲載）

図版A1：
38式駆逐戦車　シャシー番号321003号車
1944年3月

　この車体は、トーマレ大佐によって1944年3月までに完成させるよう命じられて3両製作された38式突撃砲のうちの1両である。プラハのBMM社で組み立てられ、1944年4月に国防軍検査官に受領された。最初の3両の38式突撃砲は、ラムホーン型牽引具を装備し、前面板にピストルポートが設けられていた。球形砲架用外部装甲カバーは、幅の広いフランジを持ち、7本のボルトで前面装甲板に取り付けられるようになっていた。38式駆逐戦車には、ツィンメリットコーティング（訳注：磁力によって装甲板に取り付ける吸着地雷を防ぐためのペースト状の塗布物）は施されていなかった。ただし生産工場で基本色のRAL7028ダークイエロー（Dunkelgelb；ドゥンケルゲルプ）塗装が全体に吹き付けられていた。試験車両のため迷彩塗装は施されていなかった。

［編注：RALはドイツの産業の品質監督、基準・規格設定の業務を行うため、1925年に設立された「帝国工業規格」の略称。ドイツ陸軍が使用した多くの塗料が、RALの規格番号で管理されていた。この機関は現在も存続し、日本語名称は「ドイツ品質保証・表示協会」。なお、規格番号は1953年から段階的に改正されており、本書に記載されている番号は「帝国工業規格」当時のものである］

図版A2：
38式駆逐戦車　1944年5月

　1944年5月にBMM社で生産された38式駆逐戦車。すでに軽量化された球状砲架と外部カバーが装備されていて、前面装甲板には2本だけのボルトで取り付けられている。迷彩塗装は部隊レベルで、ベースのRAL7028ダークイエロー（これは組み立て工場から搬出される前に、下地塗装の上に吹き付けられていた）の基本塗色の上に、RAL6003ダークオリーヴグリーン（Olivgrün；オリーヴグリュン）とRAL8017ダークレッドブラウン（Rotbraun；ロートブラウン）で、帯状、斑点状の適当なパターンで塗装された。これらの塗料はペースト状の2kg入缶で支給され、部隊によって適当な濃度に希釈された。しかしこれら初期生産分の38式駆逐戦車の多くは、訓練学校に止まった。

図版B1：
38式駆逐戦車－指揮戦車　1944年9月

　この38式駆逐戦車は、1944年8～9月にBMM社によって生産された車体で、新型の軽量装甲カバーが特徴である。本車は指揮戦車の仕様となっている。指揮戦車は、通常型車体の隔壁内（エンジン室と戦闘室のあいだ）に装備するFu5無線機に加えて、Fu8無線機を車内左側面スポンソン（張り出し部分）に装備していた。長距離Fu8無線機用のアンテナは、シュテルン・アンテナd（スターアンテ

1944年10月、BMM社の生産ライン上の、38式駆逐戦車シュタール型「Oシリーズ」321683号車。38式駆逐戦車シュタール型は、砲を固定式に装備し（駐退復座装置がない）、このため車体前面板の開口部が小さくて済む。（BMM）

ナ)と呼ばれ、絶縁用碍子が装着された基部に取り付けられていた。左側面には基部絶縁体を防護する装甲カバーがボルト止めされていた。Fu5無線機用2mロッドアンテナは、右側後部の通常位置に取り付けられていた。

1944年8月から迷彩塗装は工場で施されることになった。戦後の出版物でしばしば「アンブッシュ」と呼ばれる迷彩塗装は、RAL7028ダークイエローの薄い全体塗装に、明瞭な塗り分けでRAL6003ダークオリーヴグリーンとRAL8017ダークレッドブラウンの細い帯状および斑点状に塗装された上に、木の葉を通して差し込む木漏れ日を模して、対照的な色の断片が、帯および斑点の上に塗装されている。駆逐戦車は、必ずしも完成した同じ月にすぐに部隊に配備されたわけではなかった。8月には、SS第20、第15、第76、第335歩兵師団が、すべて38式駆逐戦車を受領した。

上●38式駆逐戦車シュタール型最終車の322971号車。本車は1945年4月のヒットラーへのお披露目のため準備が整えられた。固定砲用に小型の球形砲架と装甲マウントが装備されている。側面を延長した牽引具に代えて、U字型の牽引具が装備されている。(BMM)

下●38式駆逐戦車シュタール型322971号車の左側面。車長用には旋回式のペリスコープが装備されるようになったが、このためには車長スペース上部に装甲板で囲んだ張り出しが必要となった。主砲照準器にはWZF2/2が装備されている。(BMM)

図版B2：
38式戦車回収車　シャシー番号321822号車
1944年11月

　最初の38式戦車回収車は、1944年5月に完成した。戦車回収車は、BMM社で38式駆逐戦車と並行して生産されたので、戦車回収車だけに割り当てられたシャシー番号はない。6月には脱出用円材、ジブ＝ブーム・クレーンアーム、固定牽引バーが追加された。

　10月までにBMM社では、「アンブッシュ」に代えて新しい塗装パターンが採用された。この38式戦車回収車は、工場で薄くRAL8012レッドプライマー（Rot；ロート）に、薄められたRAL7028ダークイエローとRAL6003ダークオリーヴグリーンが、帯状および斑点状に少なくとも全体の半分に塗装されている。内部側壁はRAL1001アイボリー（Elfenbein；エルフェンバイン）に塗装され、床および側面下部はRAL8012レッドプライマーに塗装されていた。

図版C：
38式戦車回収車　シャシー番号322678号車
1945年2月

　この38式戦車回収車は、1945年2月にBMM社で完成した。特徴としてすべての後期型の改良点が盛り込まれている。前面装甲板の厚さは30mmに減らされ、操縦手用ペリスコープに加えて、大型の視察口が追加されている。乗員コンパートメントの右後部には、ウィンチが搭載され、ケーブルは後部のガイドローラーを通して導かれる。後部には駐鋤が追加されている。

図版D：
38式駆逐戦車　シャシー番号322111号車
1944年12月

　38式駆逐戦車シャシー番号322111号車は、チャーチーの戦車技術学校での試験のためイギリスに運ばれ、現在はボーヴィントンの戦車博物館に展示されている。1944年10月からBMM社での迷彩パターンは、RAL8012レッドプライマーを薄く基本塗装にして、薄めたRAL7028ダークイエローとRAL6003ダークオリーヴグリーンを、帯状および斑点状に、プライマーのベース塗装の少なくとも半分に塗装している。前面板に塗装されたつや消し黒の帯は、操縦手ペリスコープが狙われないようにするための囮である。戦闘室内上部はRAL1001アイボリーに塗装され、床および側面下部はRAL8012レッドプライマーに塗

左頁●322971号車の後面。エンジンに出力180馬力（メートル馬力）2000回転のタトラ928V型8気筒空冷ディーゼルエンジンを搭載しているため、38式駆逐戦車の生産型とは大きく変化している。(BMM)

右上●38式戦車回収車321822号車は、1944年11月にBMM社で生産された。38式戦車回収車はBMM社で、38式駆逐戦車と並行して生産されたため、戦車回収車のみのシャシー番号はもっていない。1944年6月に一連の改良が盛り込まれている。その内容は脱出用円材、ジブ＝ブーム・クレーンアームのキャリングブラケット、固定牽引バーの追加である。(BMM)

下●こちらは38式戦車回収車322678号車。写真から戦車回収車の最終形態がよくわかる。本車は1945年2月にBMM社で完成した。重量削減のために前面装甲厚は60mmから30mmに削減されていた。操縦手用に大型の開閉式視察口が追加されている。車体側面板を延長した牽引ブラケットの代わりに、U字型をした牽引具が取り付けられ、ウィンチが初めて装備された。(BMM)

装されていた。無線機はRAL7021ダークグレイ（Dunkelgrau；ドゥンケルグラウ）、エンジン室はやはりRAL8012レッドプライマーに塗装されていた。

　7.5㎝パンツァーグラナーテ39（39式徹甲弾）（APCBC/HE）は、弾頭がRAL9005ブラック（Schwarz；シュヴァルツ）で、先端がRAL9002ホワイト（Weiss；ヴァイス）に塗装されていた。7.5㎝シュプレンググラナーテ（榴弾）は、弾頭がRAL6003ダークオリーヴグリーンに塗装されていた。7.5㎝Pak39用弾薬のほとんどは真鍮製薬莢ではなく、真鍮コートされた鉄製であった。

　残念ながらこの38式駆逐戦車がどこの部隊で使用されたかは記録が見つからない。1944年12月に生産されたものの、同月に部隊配備されたという保証はない。一応1944年12月に38式駆逐戦車が配備されたのは、第245歩兵師団、第16、第79、第183、第246国民擲弾兵師団で、すべて西部戦線で戦った。

図版E：
38式駆逐戦車シュタール型
シャシー番号322971号車　1945年4月

　この38式駆逐戦車シュタール型は、1945年3月22日に発注されたうちの、最後の車両である。本車には後期型のすべての改良が盛り込まれており、エンジンには8気筒タトラエンジンが搭載されていた。この車体は1945年4月中旬に、ヒットラーへ披露することが予定されていた。

図版F：
38式駆逐戦車　1944年8月

　これは連合軍に捕獲された最初の38式駆逐戦車のうちの1両である。車両番号は233で、シュコダ社で1944年8月に生産された車体である。新型の軽量型装甲カバーとIV型球形砲架が装備されている。ラジエーター給水用小ハッチはまだ導入されていないが、排気マフラーの防熱

38式戦車回収車322678号車を右後方から見る。駐鋤ははね上げられている。ウィンチケーブルのガイドローラーが、消炎マフラーの右側に装備されている。（BMM）

ガードは廃止されている。生産促進のため、このバッチの誘導輪には、6つの穴しか開けられていない。この時期の38式駆逐戦車は、基本塗装としてRAL7028ダークイエローを塗装して引き渡され、部隊側で迷彩パターンを決めた（カラー図版A1、A2を参照）。

　1944年8月には、西部戦線では第79、第257歩兵師団のふたつの部隊が、38式駆逐戦車を受領した。そして9月には、多数の国民擲弾兵師団に装備されている。

図版G：
38式駆逐戦車　シャシー番号323814号車　1945年5月
　1945年5月、アメリカ軍はこの車体をアバディーン装甲試験場（APG）での評価用に輸送するために確保した。この車体はケーニッヒグレーツのシュコダ社で生産されたもので、ここで見られる迷彩パターンは、1944〜1945年冬に生産された、一部の38式駆逐戦車に工場で施されたものである（カラー図版Cを参照）。

　1945年4月には、15個部隊に38式駆逐戦車が配備された。これらには、「シャルンホルスト」、「ウルリッヒ・フォン・ヒュッテン」、SS第33「ニーベルンゲン」歩兵師団などがあった。

◎訳者紹介

齋木伸生（さいきのぶお）

1960年東京都生まれ。早稲田大学政治経済学部卒業、同大学院法学研究科修士課程修了、博士課程修了。経済学士、法学修士。

戦史や安全保障の問題に興味をもち、国際関係論を研究。研究上はフィンランド関係と、フィンランドの安全保障政策が専門。陸海空の軍事・兵器関係、特に戦車に精通。著書に『ソ連戦車軍団』（並木書房）、『タンクバトル』『ドイツ戦車発達史』（光人社）、『欧州火薬庫潜入レポート』『世界の無名戦車』（三修社）ほか、共著に『世界のPKO部隊』『NATO』（三修社）、訳書に『IV号中戦車1936-1945』がある。また、『PANZER』（アルゴノート社）『丸』（潮書房）『アーマーモデリング』（大日本絵画）などの専門誌に多数寄稿。

オスプレイ・ミリタリー・シリーズ
世界の戦車イラストレイテッド **14**

38式軽駆逐戦車 ヘッツァー 1944-1945

発行日	2002年4月8日　初版第1刷
著者	ヒラリー・ドイル トム・イェンツ
訳者	齋木伸生
発行者	小川光二
発行所	株式会社大日本絵画 〒101-0054 東京都千代田区神田錦町1丁目7番地 電話：03-3294-7861　http://www.kaiga.co.jp
編集	株式会社アートボックス
装幀・デザイン	関口八重子
印刷/製本	大日本印刷株式会社

©2001 Osprey Publishing Limited
Printed in Japan
ISBN4-499-22780-1　C0076

JAGDPANZER 38
'HETZER' 1944-45
Hilary Doyle　Tom Jentz

First published in Great Britain in 2001,
by Osprey Publishing Ltd, Elms Court,
Chapel Way, Botley,
Oxford, OX2 9LP. All rights reserved.
Japanese language translation
©2002 Dainippon Kaiga Co.,Ltd.